工廠叢書 ⑦

U0034499

確保新產品開發成功（增訂四版）

任賢旺　黃憲仁　編著

憲業企管顧問有限公司　　發行

《確保新產品開發成功》（增訂四版）
序 言

　　我擔任企業的經營顧問 19 年，每當公司面臨激烈競爭時，我總是會給企業一個脫困之計，就是迅速推出新產品。

　　開發新產品就是使公司不斷獲得新的競爭優勢的重要手段。如何快速成功地開發、行銷新產品，對公司的生死存亡產生了重大的影響。沒有正確的開發新產品，產品必然會失敗；只會開發新產品，而不會行銷上市，新產品也會失敗。

　　新產品開發與銷售，一旦失敗，影響是災難性的，不僅浪費了大量的人力物力，而且浪費了寶貴的機遇和時間。在重大的新產品開發項目上，公司越來越輸不起了。

　　回憶我在 1984 年擔任股票上市公司的商品企劃主管時，深刻體會出市場需求是不斷變化和發展的，企業只有不斷地推出滿足市場需要的新產品，才能立於不敗之地。所開發的新產品，不僅要與競爭者有競爭力，拉大彼此間距離，更要自我挑戰。理由是競爭者雖無法立刻在做改進，但隨時會冒出來，所以我們要自我挑戰，「明天的新產品」要比「今天的新產品」更優異性。

　　但是，新產品開發與銷售，是一項高投資、高風險的活動，一旦決策不當，就會使企業陷入經營困境。

　　新產品開發與銷售，既不是一項神乎其技的活動，也不是「天

才」的專利。任何企業只要依據科學的方法，在正確決策的情況下，都可以獲得成功，都可以憑藉新產品獲得市場競爭優勢。因此，深入瞭解新產品開發與銷售的方法，對企業經營者和技術開發人員尤為重要。資深顧問師可以拍著胸脯對你說的金科玉律是：「不創新，便死亡。」。

本書從管理者的角度闡述了新產品開發的方法，對新產品每個環節中存在的問題進行深入剖析，並提出相應對策。

新產品的成功，是企業興衰存亡的關鍵。**本書主要內容是針對新產品，從產品開發流程，到產品行銷上市，都詳細論述，對其中的每一個步驟和環節都進行了詳盡的分析，撰稿的顧問專家列舉了案例和企業成功經驗，深入淺出，非常實用，可操作性強，對公司實施新產品開發來說，具有極高的價值。如何能提高新產品的成功機率呢？本書為你提供了寶貴的啟示和經驗指導。**

本書的主要讀者：是那些從事技術管理或是工程設計的人員，他們希望能瞭解當今新產品的開發戰略；是那些市場行銷專業的人員，他們已經修過基礎的行銷管理課程，希望對新產品開發有一個深入的瞭解。

《確保新產品開發成功》的初版是 2006 年在臺北出版，後來推出第二版，雖然 2008 年在中國的廈門大學推出簡體版本《新產品開發與銷售》，已有針對內容加以更實務的修正。近年來，由於市場環境發生巨大變化，全世界經濟呈現不景氣，我總感覺此書似乎有增訂、修正改版的必要性，希望增訂四版能為企業帶來提升績效、正面改革的好機會。

2012 年 6 月 黃憲仁寫於日月潭

《確保新產品開發成功》(增訂四版)

目　錄

第 *1* 章

為什麼要開發新產品

第一節　新產品是公司繁榮昌盛的關鍵

一、新產品開發的意義

　　新產品開發，是指新產品構思、研製、生產和銷售的全過程。產品是企業賴以生存和發展的物質基礎，在今天的市場競爭中，企業之間的競爭在很大程度上表現為產品之間的競爭。產品開發水準的高低，是企業興衰存亡的關鍵。新產品的開發對企業的重要性主要體現在以下幾個方面。

1. 開發新產品有利於促進企業成長

　　開發新產品，一方面有助於企業從新產品開發中獲取更多的利潤，另一方面，推出新產品比利用現有產品更能有效地提高市場佔有率。利潤和市場佔有率是企業追求的重要目標，企業要不斷發展，

必須增加利潤和提高市場佔有率。

2. 開發新產品可以維護企業的競爭優勢和競爭地位

為擁有消費者，爭取市場佔有率，企業會運用各種方式和手段來獲得競爭優勢，開發新產品是目前企業加強自身競爭優勢的重要手段。

3. 開發新產品有利於充分利用企業的生產和經營能力

當企業的生產、經營能力有剩餘時，開發新產品是一種有效提高其生產和經營能力的手段。因為在總的固定成本不變的情況下開發新產品，會使產品的成本降低，同時提高企業資源利用率。

4. 開發新產品有利於企業更好地適應環境的變化

在社會飛速發展的今天，企業面臨的各種環境條件無時無刻地都在發生變化，這預示著企業的原有產品可能會衰退、消滅，企業必須尋找合適的替代產品來維持企業的生存。因此，就導致了對新產品的研究與開發。

5. 開發新產品有利於加速新技術、新材料的傳播和應用

新技術、新材料可以提高產品性能，增加產品的新功能，降低成本，創造出新的需求等，它們是新產品開發的重要基礎。新產品的開發為新技術、新材料的應用和傳播提供了一條重要的捷徑。

6. 開發新產品有助於提高企業形象

新產品投放市場能激起市場反應，影響利益相關者的觀念，從而能夠提高或損害在利益相關者的市場形象。日本的新日鐵在鋼鐵市場成熟、市場銷售停滯不前的情況下為了重塑企業形象，開發出了各種電子產品、飲料產品等。這些新產品大大提升了企業形象，促進了企業的成長和壯大。

二、新產品是公司繁榮的關鍵

企業的成功依賴於迅速成功地開發新產品的能力，新產品能使公司保持現有產品組合的活力和競爭力。

發展新產品是現代公司最具風險、最重要的活動之一。毫無疑問，風險是相當高的，公司在新產品開發上花費了大量的金錢可能付之東流，但同時，新產品的回報也是取之不竭的。

近期統計中，新產品收入平均佔公司收入的 33%。也就是說，公司收入的三分之一來自於 5 年前他們沒有銷售過的產品。在一些富有活力的行業中，這個數字是 100%！（新產品定義為進入市場 5 年或尚不滿 5 年的產品，包括舊產品中經系列化後的新產品部份，以及經過重大革新的舊產品）這個數字表明：不創新即滅亡！

無數的公司將他們迅速的崛起和現在的財富歸因於新產品的開發。

· JVC 公司，幾十年前還是個無人知曉的公司，幾十年後在家庭錄影機領域中開創了 VHS 制式（家用錄影系統）的革命。
· 英國葛萊素（Glaxo）公司，憑藉一種治療潰瘍藥物的生產，由一家中型的製藥作坊，攀升到世界製藥業第二的位置。
· IBM 的 DOS 作業系統的發展，將一個處於起步階段、在 1982 年還無人知曉的小公司推向了蓬勃發展的階段。將此番勝利歸入囊中後，微軟公司又成功地推行了幾種流行的視窗作業系統軟體，成為軟體行業的巨人，引領行業發展至今。人們很難相信它是從 1982 年的一個新產品起步的。

上述所說的百分比只是平均值,這個數字埋沒了一些確有潛力的公司。那有 CEO 只想做個平均值呢?根據近期的「最優做法」,調查顯示,有很多企業做得遠比平均值要好,他們成為了標杆企業。這些 22%的優秀公司與餘下 78%的一般企業對比如下。

- 優秀企業 49.2%的銷售業績來自於新產品(一般企業 25.2% 銷售收入來自於新產品)。
- 優秀企業 49.2%的利潤來自於新產品(一般企業利潤的 22.0% 來自於新產品)。
- 優秀企業每 3.5 個創意就有 1 個獲得成功(一般企業每 8.4 個創意有 1 個成功)。
- 投資回報可觀。成功新產品的投資回報率平均高達 96.9%。
- 新產品投資回收期短。平均投資回收期為 2.49 年。
- 新產品取得極好的市場地位。其目標市場的平均市場佔有率為 47.3%。

保持持久的業績是新產品戰的關鍵,優秀企業為我們鑄造了這樣一條成功之路。

一般來說,新產品的盈利可觀。一項調查表明,美國企業中,203 個有代表性的、投入市場的新產品,近 2/3 獲得了商業上的成功,而且做得非常出色。(見圖 1-1-1)。

有時,平均值並不能代表整體的真實情況,因為我們可以猜到,許多十分出色的企業拉高了平均水準。那麼看一下使人印象深刻的中位值的數據。

圖 1-1-1　新產品利潤率：成功與失敗

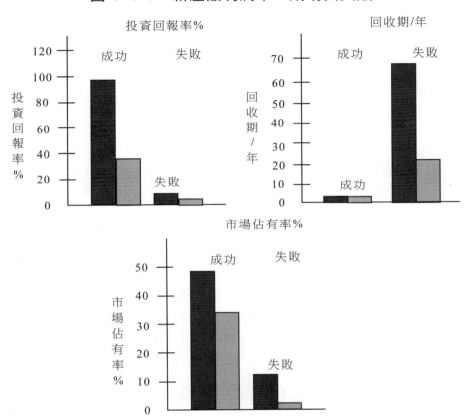

一半的成功新產品取得了 33%或者更高一些的投資回報率，兩年或者更短一些的回收期，以及高於 35%的市場佔有率。

· 50%成功的新產品的投資回報率為 33%甚至更高。

· 一半以上成功的新產品的投資回收期為兩年甚至更短。

· 一半以上成功的新產品的市場佔有率超過 35%。

但是，不是所有的新產品都是贏家。這些無與倫比的業績也是伴隨失敗為代價的。研究顯示，1/3 投入市場的新產品並不成功。總的來說，即使有失敗的因素在內，產品開發也是一項非常有利可圖的事業。

第二節　新產品的定義與分類

一、產品的涵義

產品是能夠提供給市場並引起注意、購買、使用或消費的任何東西，包括實體形態、服務、個性、場所和組織等。現代市場行銷理論則把產品從定義上劃分為五個層次：產品的核心層次、產品的基礎層次、產品的期望層次、產品的附加層次和產品的潛在層次，如下圖 1-2-1 所示。

圖 1-2-1　產品結構層次圖

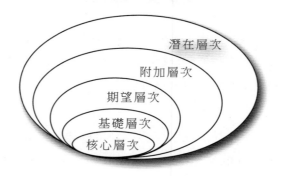

1. 產品的核心層次

產品的核心層次指產品提供給消費者的實際利益和效用，代表著顧客真正購買的基本服務或利益，如在電影院，顧客真正要購買的是「娛樂」。

2. 產品的基礎層次

產品的基礎層次指能觀察到的、反映產品內外品質的部份特徵，包括品質、特色、造形、式樣、商標和包裝等，這是產品的基本載體。

3. 產品的期望層次

產品的期望層次是顧客購買產品時，基於以往經驗或常識，默認或希望能得到的一組基本的屬性。如在電影院，觀眾希望有舒適的座椅、良好的音響效果，這是電影院應該予以滿足的最低期望。

4. 產品的附加層次

產品的附加層次指提供給消費者的一系列附加利益，包括服務、運送、維修、保證、形象與文化等所給予消費者的好處。產品的附加利益層是形成產品差別化的主要部份。

如電影院通過裝潢、佈局和差異化的服務，能夠給觀眾帶來一種感官上的體驗，就屬於這個產品層次。

5. 產品的潛在層次

產品的潛在層次是指該產品最終可能會實現的全部附加部份和將來會轉化的部份　。例如，具備一定實力的電影院，可以圍繞放映這一主營業務，融入影迷見面會、電影文化交流等一系列的服務，向未來的「電影文化體驗中心」轉型。

美國著名行銷學家李維特就指出：「新的競爭不在於工廠裏製造

出來的產品，而在於工廠外能夠給產品加上包裝、服務、廣告、諮詢、融資、送貨或顧客認為有價值的其他東西。」

二、新產品的定義

新產品是什麼，什麼是新產品，很難一語概括。由於所討論問題的範圍和觀察的角度不同，新產品可以有不同的詮釋。

隨著市場和顧客的成熟，新產品的定義逐漸發生了變化，這就造成了目前新產品兩種定義的共存，一是技術角度的傳統定義，二是市場行銷角度的現代定義。

1. 傳統定義

新產品的傳統定義是從技術角度給出的定義，即新產品是由於科技進步和工程技術的突破而產生、在產品本身上有了顯著變化、增加了新性能的產品。

2. 現代定義

新產品的現代定義，是從市場營銷觀念給出的定義，即新產品是一種具有新意的產品，是指能進入市場給消費者（用戶）提供新的利益（新的效用）而被消費者（用戶）接受的產品。所謂「能進入市場」，就是指新產品得到社會承認，也意味著新產品在給消費者（用戶）提供利益的同時，也給企業帶來利益，還必須符合社會的整體利益。因此，在現代社會中，形成新產品的重要標誌是一種具有新意的，兼顧消費者（用戶）、企業、社會三方利益並得到三方認同的產品。

三、新產品的分類

新產品有很多不同的類型。「新」字歸結起來有兩層含義：

· 對於公司來說是新的。在這個層面上，公司從來沒有製造或
  銷售過該類產品，但其他公司可能做過。

· 對於市場來說是新的，或是革新產品。該類產品是第一次進
  入市場。

1. 全新產品

這類新產品是其同類產品的第一款，並創造了全新的市場。此
類產品只佔新產品的 10%。例如新力的隨身聽、小型家用隨身放碟
機、3M 的即時貼以及目前流行的 PALM PILOT。

2. 新產品線

這些產品對市場來說並不新鮮，但對於有些廠家來說是新的。
廠家憑藉這類產品初次進入一個久已建立的市場。例如，第一個做
商用鐳射印表機的，並不是佳能公司。惠普是第一個用鐳射印表機
來打開市場的公司。當佳能第一次推介它的產品時，我們顯然不能
將此稱做是一個革新，但對於佳能來說，它確實代表了公司旗下投
資的一個新產品品種，大約有 20%的新產品歸於此類。

3. 已有產品品種的補充

這些新產品屬於工廠已有產品系列的一部份。對市場來說，他
們也許是新產品。惠普曾把它的一款適於家用電腦用的鐳射印表機
Laser Jet 7P 做過介紹，是惠普鐳射印表機中的新款，以體積小而
價格低廉在市場上獨樹一幟。此類產品是新產品類型中較多的一

類，大約佔所推出的新產品的 26%。

4. 舊產品的改進型

這些不太新的產品從本質上說是工廠舊產品品種的替代品。他們在性能上比舊產品有所改進，提供了更多的內在價值。該類新改進的產品佔推出新產品的 26%。例如，世界知名的耐磨刀具製造商肯南麥特（Kennametal），提供諸如鑽頭之類的產品，對產品不斷進行改進和提高，以滿足顧客不斷變化的需求，來對抗同行的競爭挑戰。

5. 重新定位的產品

適於舊產品在新領域的應用，包括重新定位於一個新市場，或應用於一個不同的領域。長時間以來，阿斯匹林（在有些國家稱為 ASA）是治頭疼腦熱的標準用藥，由於競爭者引入新的更安全的藥劑，ASA 曾一度陷入困境，但有醫學證據表明，阿斯匹林還有其他的功效。現在，它不僅能醫治頭疼腦熱，還被用作抗血凝劑，治療中風及心臟病的發作。此類產品佔新產品的 7%。

6. 降低成本的產品

將這些產品稱作新產品有點勉強。把他們設計出來替代舊產品，在性能和效用上沒有改變，只是降低了成本。從市場的角度來看，他們並不能算是新產品，但從設計和產品角度來看，這些產品卻給公司帶來了顯著變化。此類產品佔新產品的 11%。

大多數公司的新產品採取產品混合組合的方式。其中補充型產品和舊產品改進型這兩種新產品被公司廣為應用。相比之下，全新型和新品種型產品只佔所有進入市場的新產品的 30%，但他們卻代表了 60%最成功的新產品。

令人遺憾的是，許多公司遠離了這兩類革新型產品，50%的公司

不生產全新型產品，25%的公司沒能開發新品種型產品。由於所處行業的不同，對全新型、新品種型產品以及較高風險的新產品的取向也不同，高科技產業中企業大部份生產革新型新產品。

第三節　新產品開發對企業的意義

一、新產品開發的方向

分析世界各國企業新產品開發的情況和發展趨勢，新產品開發，特別是高新技術產品開發方向主要體現在以下幾個方面：

1. 向多功能方向發展

開發新產品首先包括如何開發產品的功能，使各種潛伏在產品自身中的功能盡可能發揮出來，或者通過新的技術和手段，增加和擴大產品的功能，使新產品得到不斷完善。在功能開發上，企業新產品向多功能方向發展，主要表現在以下幾個方面。

⑴功能延伸

是指沿著產品自身原有功能的特點，通過研究和試製，使開發出來的同類型新產品的功能向前延伸，既保留了原有功能，又在原基礎上擴大了功能，這種延伸了的功能往往比原有功能更優秀。

⑵功能放大

是指通過開發新產品，使原有產品的功能作用範圍擴大，或者是原有功能作用力度增強，從而使新產品的功能放大，形成多功能產品。例如，目前開發出的新型塑膠，光是使用範圍就比以前擴大

了許多倍。

⑶功能組合

是指企業通過研究、試驗,把不同產品的不同功能組合到同一種新產品中,或者是以一種產品為主,把其他產品的不同功能複製到這種新產品中去。通過這種組合方式,使開發出來的新產品向多功能方向發展,形成一物多用,發揮產品多功能優勢。例如有些廠商將風扇與臺燈合二為一;組合機床就是幾種不同功能的機床組合在一起,現代數控機床也是將電子電腦的功能組合在一起。

⑷功能開發

是指運用現代科學技術和新的手段,不斷開發潛伏在產品中的新功能。這是新產品的單一功能向多種功能發展的主要方式。例如,電子電腦自 1946 年問世以後,潛伏在這種產品中的功能就不斷地被開發出來,它已經經歷了四代的發展,功能已從簡單的數學運算,發展到深入社會和生活的各個方面,正發揮著越來越重要的作用,成為一種龐大的產業。

2. 向系列品種方向發展

企業新產品的開發已從過去那種大批量少品種的方式向小批量多品種方向發展。由於目前市場競爭激烈,顧客需求變化快,企業新產品開發速度也較快,產品批量比過去來說都趨於較小,而品種發展十分迅速。企業產品開發從單一品種方向向系列品種方向發展,現已成為顯著的發展趨勢。企業產品開發的系列品種主要表現有幾種方式。

⑴專門系列

是指以一種產品或以某一功能為主,進行專門的系統開發,形

成產品品種系列。

⑵樹型系列

是指以一種基礎產品為樹幹,從多種方向進行產品開發,使新產品開發呈樹型方向發展。例如,日本卡西歐公司以石英晶體振盪器為主,作為產品系列的主幹,開發一系列電子新產品:石英電子手錶、電子收錄機、文字處理機、計時器等等。

⑶並行系列

是指在一些大型企業中,新產品開發往往是以兩種或兩種以上的骨幹產品為主幹,幾種產品同時進行系列開發,形成幾種產品系列並行狀態。例如,某集團是最大的冷氣機生產企業之一,近幾年來,又成功地開發生產了高檔載重車,使其成為公司的主要利潤來源之一。

⑷藤蔓系列

是指企業在開發新產品過程中,抓住一些關鍵性產品,就像抓住一根藤蔓一樣,向四方擴展,四處牽藤,順藤發展,開發出多種產品系列,這類企業往往是實行多角化經營的大型公司。

3. 向新功能方向發展

運用高新技術成果,或者依靠高水準的創意,可以開發出一批具有全新功能或極富新意的重要輔助功能產品,主要表現為以下幾個方面。

⑴性能獨特、功能創新

是指新產品的基本功能具有獨特性,或屬於全新的基本功能,使顧客感覺到這種產品確實與眾不同。將顧客潛在需求激發成現實需求,從而覓得市場。例如,在 20 世紀 90 年代中期異軍突起的 VCD,

就在於其畫面的清晰度遠遠高於錄像機,從而深受消費者的歡迎。

⑵外形新穎、別具一格

是為了適應消費者心理上求新的需求,款式新穎的新產品更容易吸引消費者,促進其銷售。例如,有些廠商把收音機的外形做成像小巧的無繩電話機,既能當玩具,又能收聽到廣播,從而深受青少年消費者的喜愛。需指出的是,獨特新穎的產品外形,需要有豐富的想像力、絕對高超的創意水準。

⑶體積變小、厚度變薄、長度變短、重量變輕

就是要在產品性能不變甚至有所增加的情況下,使產品的體積盡可能小巧一些,重量輕一些。這樣做是適應了人們居住條件和攜帶方便的要求。由於居民的住房面積普遍不大,因此,有些大件家用產品的體積就要求小一些。若需滿足攜帶方便的要求,產品的體積就更要小巧一些,有些甚至要求微型化。例如在激烈的市場競爭中,一般的答錄機銷路不暢,而 MP3 的銷售卻非常火爆,就是因為它的便利性,可以隨身攜帶。

⑷節約能源

是指產品在使用過程中能夠節約能源消耗。這是適應使用者節約能源費用的要求。對於這類商品,從購買者方面看,所花的購置費用不僅是購買產品時的價格,還包括使用產品時所消耗能源的價格。例如,日本日立公司在 1984 年推出了第四代壓縮機──蝸輪式壓縮機,並將其用於冷氣機與電冰箱,這種新型壓縮機零件數更少、質量更輕、雜訊更低,更有顯著的節能降耗優點,雖然售價較高,但深受消費者喜愛,因此企業憑藉高新技術設計節能產品,也是新產品開發的重要趨勢。

二、作為企業成長戰略的新產品開發

　　大多數公司抱定決心要實現增長，對新產品開發的課題表現出極大的興趣就不足為怪了，新產品的開發仍然是發展公司的業務提供了機會。

　　採用安索夫(Ansoff，1965，1968)的企業策略矩陣，這個矩陣結合了與公司成長密切相關的兩個關鍵變數：市場機會增長和產品機會增長。在這個矩陣中，新產品開發被作為四個方法之一。在每一個象限中都有「產品——市場」的不同組合。通過內部有機地發展或者外部獲得達到成長。

1. 市場滲透

　　在公司的現有市場中，通過增加銷量能產生機會。大多數公司採取的一般做法是，充分利用全面的行銷組合活動，從而增加公司現有產品的市場佔有率，也包括品牌決策。

　　例如，食品製造商凱洛格公司，通過把它的玉米片產品作為任何時候(而不是只在早上)都可以消費的速食來促銷，從而增加了該產品的銷量。

2. 市場開發

　　公司產品出現在新市場，就產生了增長機會。在這種情況下，公司在選擇開發並且進入新市場的同時，努力維持現有產品的市場。通過打開新的市場而達到市場開發的目的，例如，梅賽德斯決定進入小型汽車市場(以前，公司一直致力於高級或者奢侈品市場)。同樣，公司通過出口也能進入新的區域性市場。

3. 產品開發

通過向現有市場提供新的或改進的產品，可以帶來成長機會。所有公司定期地改進和更新它們現有的產品，以努力地確保它們的產品有競爭力。大多數公司把這看成是一個持續的活動。

4. 多樣化

毫無疑問，成長機會存在於公司現有產品和市場之外。然而，對多樣化的選擇意義重大，因為多樣化使公司可能進入目前還未涉足的產品領域和市場。3M 公司開發的即時貼(Post-It)，為公司提供了進入文具市場的機會，公司對該市場知之甚少，產品對公司和市場來說都是新的。

許多公司試圖利用其現有的技術或經營知識庫。例如，費萊莫公司(Flymo)對電動割草機的瞭解使它能夠以多樣化的形式進入一個全新的市場。實際上，它的 Garden-vac 產品的推出就導致了「庭院──整潔」產品市場的誕生。然而，這是組織成長的一個例子，許多公司通過獲得的途徑，識別多樣化機會。例如在英國，一些私有化電力公司購買了私有化水利公司的相當數量的財產。在這兒，用到的知識庫是：從商業角度瞭解一種有形產品(以前的公益事業)是如何供應的。

通過橫向、縱向多樣化也能產生多樣化成長的機會。一家製造商開拓零售管道是向前聯合的例子，向後聯合包括公司業務的基礎性活動，例如，製造商開始生產零件的活動。橫向多樣化包括收購競爭者。

產品目標	沒有技術性變化	改進的技術	新技術 為了獲得對公司來說全新的科學知識和生產技能
沒有市場變化	維持現狀	重新規劃 為了維持目前產品方案中成本、品質和有效性的最佳平衡	替代 用目前沒有採用的技術尋求產品新的並且更好的規劃組合
強化的市場	重新進行銷售規劃 增加公司現有消費者的購買量	改進的產品 改進目前產品，給消費者以更大的有效性和商品特性	產品線延伸 通過新技術拓寬目前供給現有消費者的產品線
新市場	新使用 發現能夠使用公司目前產品的新消費群體	市場擴展 通過修改目前產品滿足新的消費者群體	多樣化 通過發展新的技術知識以增加消費者群體

第 **2** 章

新產品的風險與利潤

第一節　新產品開發的風險

　　新產品開發會遇到市場、技術和環境等許多不確定因素的影響，是一項具有很大風險的活動。識別、規避風險對於成功開發新產品具有重要意義。

　　新產品開發風險是指企業對內外環境不確定因素的影響估計不足或無法適應，或對開發過程不能有效控制而造成失敗的可能性。風險主要源於以下幾方面：

1. 技術風險

⑴技術本身不成熟

　　有些發明和設想雖然在技術上、市場上很有吸引力，但是一旦實施，發現許多技術問題還無法解決，需要對發明進行較大的改動，甚至進行再發明。但是企業可能沒有這方面的能力和精力，不得不

半途而廢，無果而終。

(2)技術效果的不確定性

產品即使能投產並推向市場，但實際效果難以確定。如果在生產或使用中，造成污染、不安全等情況，則可能受禁、受限制。

(3)技術壽命的不確定性

開發時技術是先進的，但當開發完成時，另一更先進的技術出現，因而將蒙受被提前淘汰的損失。

(4)技術創新滯後導致成本劣勢

當產品進入市場，技術已經定型，但由於產品競爭激烈，要求企業提高技術過程效率及技術創新，以降低成本，否則企業就要承受成本劣勢的風險。

2.市場風險

(1)顧客需求的不確定性

新產品要取得成功，需要一個有潛力的市場。開發前的市場分析能使企業更好地做出計畫，但卻不能準確把握的顧客需求資訊。許多人認為，對具有潛在市場的創新型產品來說，得到顧客需求的有效資訊是困難的，因為有時顧客也無法知道他們真正需要的是什麼。

(2)市場接受時間的不確定性

一個新產品，特別是高新技術產品推出時間與誘導出需求的時間有一個時滯，時滯過長將導致投入資金難以收回。

(3)模仿的存在

新產品的市場會由於模仿產品的進入而使得競爭變得更加激烈，企業只能獲得較少的「撇脂」利潤。

⑷難以預測新產品的擴張速度

例如，1959 年 IBM 公司預測施樂 914 型影印機在 10 年內可能銷售 5000 台，拒絕了與哈樂德公司的技術合作。而 10 年後改名為施樂公司的哈樂德公司已銷售了 20 萬台施樂 914 型，成為知名的大公司。

3.其他風險

開發新產品還會面臨管理、資金、政治、法律和政策等方面的風險。由於風險，失敗是在所難免。資料表明，在 1991 年，美國有 16000 個新產品投向市場，而沒有實現預期收益的達 90%。

第二節　新產品為何會失敗

一、新產品的高失敗率

新產品有助於實現長期意義上的成功，它能使公司保持現有產品組合的活力和競爭力。對於許多公司來說，可以維繫一個持久的競爭優勢。但令人困擾的是，產品創新是頗具風險的：源源不斷成功的新產品可不是通過雕蟲小技得來的。

大部份的新產品未能進入市場，其失敗比率在 25%～45%之間。比如，產品發展和管理協會（PDMA）指出，目前，新產品進入市場的成功率僅為 59%，只比 1990 年提高了 1%。然而，成功率在各個調查中都不一樣，依據行業特點、「新產品」和「失敗」的定義不同略有出入。

　　有數據認為，新產品在進入市場前的失敗率高達 90%，很可能是誇大其辭。根據克勞福德（Crawford）的說法，他曾詳盡地參閱經常被引述的數據，真正的失敗率約為 35%。根據調查證實，122 個進行新產品項目的生產企業，平均有 67%的企業取得了成功。但是平均數並不能說明所有問題：這個成功率依賴於企業的性質，成功率從 0%～100%都有。

　　不管這個成功率是 55%或是 65%，項目失敗的可能性依然很大。更糟糕的是，上述數字並沒有包括大部份在研發早期或研發過程中被淘汰掉的項目，也就沒有包括已投入的大量的時間和金錢。

　　一項研究表明：「每 7 個新產品創意，有 4 個進入發展階段，1.5 個進入市場，只有 1 個能夠成功。」另一項調查描繪了一個非常令人沮喪的場面：「每 11 個新產品創意，3 個進入發展階段，1.3 個進入市場，只有 1 個可以在市場上獲得商業成功。」（見圖 1-3）在最近 PDMA 的調查中，這個數字是 7：1。更糟的是，美國企業花費在產品開發和商業化上的金錢，有 46%白白損失在被取消的或是不能產生足夠的資金回報的產品項目上。若考慮到在新產品上的人力和財力花費，就更令人瞠目結舌了。但很少的企業（30%）確實做出了相當不錯的成績，達到了 80%的成功率。也就是說，產品革新項目 80%的資源轉化為成功的產品。這一數字表明，這些少數企業超出了平均數一大截。

　　公司的新產品項目是怎樣進行的？你瞭解有多少？（大多數公司不能提供成功、失敗的統計數據，也不能提供贏家和輸家資源分配對比情況）

　　保留新產品活動數據。追蹤如下內容：

．新產品進入市場的成功與失敗的比率。

．遞減比率：項目在執行過程中每一階段的百分比。

．成功、失敗、被撤銷項目的資源分配比率。

圖 2-2-1　新產品項目遞減曲線

每七個觀念中，有一個能獲得成
功。每四個開發項目中，只有一個
成為商業上的成功者！

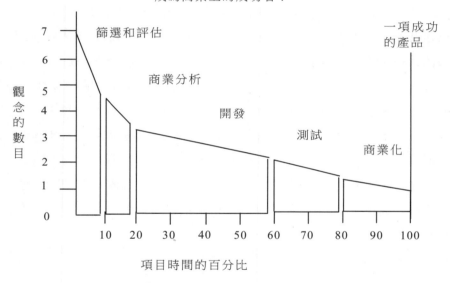

項目時間的百分比

二、新產品失敗原因

解剖新產品失敗的案例可以看出其弊端所在，接著要考慮如何
避免類似情況發生，並採取正確的管理措施來防止未來的缺陷。

1.缺少市場調研

剖析新產品失敗的九個主要原因之一是，市場調研不充分或是

獲得了錯誤的市場訊息：「對市場的真正需求缺乏徹底的瞭解，對於對手的進攻未在初期引起警覺，是新產品一見光就失敗的原因。」

　　調查委員會在報告中指出：經理們承認他們極大地誤解了顧客的需求，沒做什麼實地調查，或是對市場的需求和接受度太過樂觀。簡而言之，按我們認為的市場需要做出決定，而不是真正去詢問市場的口味如何。

　　另一個較普遍的錯誤就是，在設計者和研發部門的眼裏挑不出新產品的毛病，他們認為在顧客眼裏也是如此。一位經理在本次調查中指出：「我們得到的最主要的教訓是，我們總是在市場研究中決定市場的需求所在，然後將它解釋給我們的工程師進行產品開發。」

2.產品開發資金嚴重不足

　　根據市場調查數據，企業在研究開發經費佔產品銷售收入比例情況如表 2-2-1 所示，其平均水準為 1.04%。按照國際上比較一致的看法，研究開發經費佔產品銷售收入比例為 1%的企業將處於「難以生存」的狀態。從表中可見，5 年來，從未投入資金用於新產品開發的企業竟有 17 家，佔 26.6%；該比例在 2%以上的企業只有 9 家，佔 14.15%。從這一結果可以看出，企業對新產品開發不夠重視，資金的投入顯然十分不足。許多企業的生存與發展存在著嚴重的危機。

表 2-2-1　　64 家企業中研究開發經費佔產品銷售收入比例情況

研發費用佔銷售收入比例/%	0	0~1	1~2	2 以上
企業分佈比例/%	26.6	54.6	4.7	14.1

3.技術問題

　　新產品失敗的第二個主要原因，是設計和生產中的技術問題。

將實驗室研究出來的產品轉入小規模生產，進行大規模生產的困難是普遍存在的，生產過程中的小故障和產品質量問題經常發生。很多情況下，在進入商業化階段之前，技術研究、設計、工程技術很難在較早時期達到完善。還有，技術問題來自於缺乏對顧客需求的認識，例如，追求開發「完美」產品，過度尋求技術的精細（及過於昂貴）往往改變了顧客的初衷。

4.「缺乏市場需求」是新產品開發失敗的首要原因

根據市場調查數據顯示，列出了 64 家企業中 92 個新產品開發失敗項目的直接原因，由表中可以看出，導致新產品開發失敗的原因按其比例的大小依次排列為：缺乏市場需求、資金短缺、產品缺陷、成本過高、政策限制等。根據 ABC 分類法，前三項因素為 A 類因素，由於這三類因素的影響致使新產品開發失敗的產品數佔總數的 70%以上。其中缺乏市場需求是新產品開發失敗的最主要原因，其比重高達 33.7%。

表 2-2-2　64 家企業中 92 個新產品開發失敗的直接原因

原因	個數	百分比/%	累計百分比/%
缺乏市場需求	31	33.7	33.7
資金短缺	19	20.7	54.4
產品缺陷	15	16.3	70.7
成本過高	7	7.6	78.3
政策限制	4	4.3	82.6
其他因素	16	17.4	100

　　這一事實與許多人的觀點認識不同，技術因素不是制約新產品開發成功的首要因素，新產品開發方向必須符合市場需求變化趨勢。

5. 營銷努力的不足

　　「酒好不怕巷子深」的管理是不對的，應該在市場、銷售、促銷方面給予新產品足夠的資源支援。我們的建議是：在一個項目還沒有進入研發階段之前，就應將一份市場推廣的計畫書放在桌面上，並在計畫書中配以相應的資源。新產品的營銷策略往往是許多企業容易忽視的一個方面，易造成在以下方面的決策失誤。

⑴新產品投向市場的時機決策

　　新產品的投放時機對新產品商業化成功十分重要。有些企業，忽略產品壽命週期的考慮，新產品一試製成功，就匆忙大批投放市場，結果新產品沒得到良好的成長，還影響了舊產品銷售。也有的企業因種種原因而延誤了新產品的研製和投放時機。

⑵新產品的目標顧客選擇決策

　　一些企業忽視對目標顧客的分析和選擇，定位不準確，新產品特色不明顯，全方位銷售，希望全面開花。最後當然是花費大量的研發和營銷費用，卻沒達到預期效果。

⑶新產品定價策略決策

　　有些企業只是機械地考慮成本、目標利潤率等因素，而不是從顧客購買力和心理上能否接受為出發點來定價。致使產品價格偏高或偏低，導致絕大部份顧客處於觀望狀態。

6. 新產品開發時機選擇不當

　　大部份企業雖已意識到新產品開發的必要性，但由於缺乏長遠目光，只顧短期利益，外加某些客觀存在的因素，因而行動上顯得

極為被動，不到無路可走的時候不進行開發。新產品開發一般投資較大，在投入期內成本較高，失敗的風險往往也較大。即使成功，也需要在一定的時間以後，隨著技術的成長、成熟和市場的擴大，成本才逐漸降下來，獲得明顯的效益。

因此許多企業在舊產品市場形勢還好的時候，沒有開發新產品的意識或緊迫感；非到舊產品被市場淘汰、經營出現虧損時，才想到開發新產品。而此時的企業由於面臨困境，新產品開發項目饑不擇食，對市場研究非常膚淺，盲目地開發新產品，企圖搏一搏，所冒風險極大。而且此時企業也沒有充足的資金作新產品開發的後盾，做做停停或者無法堅持下去，或者雖然堅持到底，但開發週期太長，新產品上市時市場情況已發生極大變化，使新產品成為過時產品，最終結果是新產品開發的失敗。

7.錯誤的時間表

時間問題不僅是導致新產品失敗的一個關鍵性問題，也是其他各種項目中的一個關鍵性問題。進度過快過慢都會有很大損失，人們不僅在技術問題上拿捏不準，而且在有缺陷的計畫、組織和控制中都不知如何應對。很多新產品失敗的原因是沒有抓住有限機會，進行快速反應。有些案例表明，在開發過程中，顧客喜好會有所改變。另一些案例表明，競爭對手新產品開發得更快一些，搶佔了市場先機。

為了更快地進入市場，在時機的把握上又會有別的問題：匆忙上一個項目忽略了這中間出現的邊邊角角的問題。走捷徑在本意上出發點是好的，但是常導致災難。一些關鍵步驟常被跳過或是處理得匆忙，像市場調研、新產品雛型的測試以及現場試驗。這樣就會

不可避免地導致嚴重的質量問題，一旦進入生產階段、市場階段、銷售階段，再發現產品弱點就要重新設計產品。

8.人才瓶頸

由於資金緊缺與利潤減少的雙重作用，使得企業缺乏新產品開發人才，一方面是缺乏優秀的新產品開發人員，另一方面，一些非專業人員把持這新產品開發的崗位，使得新產品的開發欠缺美感功能，又反過來使得企業的利潤低下，從而形成了一個惡性循環。

9.新產品帶來的利潤明顯減少

企業開發新產品的主要目的是為了獲取一定的利潤，而新產品銷售利潤有逐漸下降的趨勢。主要因為：

⑴激烈的競爭導致市場更加細分化。各企業不得不把新產品對準較小的細分市場，而不是一個大眾化的市場。這意味著新產品只有更小的市場潛力，即每種產品不能得到較大的銷售量和較高的利潤。

⑵競爭者對市場供求變化的反應速度越來越快，使一些企業壟斷價格的優勢期大大縮短，新產品很快會進入供過於求的局面。當一種新產品成功後，競爭對手就立即對之進行仿製，從而大大地縮短了新產品的生命週期。例如，國際商用機器公司發現，許多模仿者都在出售「IBM 相容型個人電腦」。面對一夜之間出現的大量替代產品，許多企業的營銷計畫或新產品開發計畫顯得蒼白無力。

⑶技術進步呈加速度發展，這大大縮短了新產品的生命週期，致使新產品帶來的利潤也遠低於預期水準。

10.新產品開發費用逐漸增加

一個非常有潛力的構思可能被許多公司同時得到，而最終勝利

往往屬於行動迅速的人。反應靈敏的公司必須壓縮產品開發時間。可採用的方法有：電腦輔助的設計和生產技術，合夥開發，較早的產品概念試驗及先進的市場營銷規劃等。日本企業將這種挑戰看作是「以比競爭對手更便宜的售價和更快的速度來獲得更好的質量」。這就將更先進技術轉化為一定產品時而大大提高了投在研究和開發上的費用。通常所說的「突破預算」、「臨界費用」等都反映了新產品開發費用上升的實際情況。

此外，以下情況也使新產品開發的費用有明顯的增加：較高的通貨膨脹、充滿剛性的工資水準、下降的生產率、資金短缺以及政府規定要將一定數量的資金用於安全、污染、能源保護等方面的要求等，都使新產品開發的成本有一定幅度的增長。

11.消費者行為的變化

在現實生活中，消費者的行為與偏好並不是固定不變的，這使得新產品的開發變得日益困難。在所有影響企業新產品開發的因素中，消費者是最重要的因素，同時也是最難確定的因素。由於收入水準、受教育水準的不同、文化的變遷等種種難以確定的因素的互相作用，有可能改變普通消費者的一般偏好和生活情趣，使得消費者的購買行為發生了難以預料的變化，從而增加了新產品開發的風險。

總之，新產品開發失敗的例子舉不勝舉，但我們不必因此就畏縮不前，只要我們能合理地分析影響新產品開發的各種因素，並能從失敗中吸取教訓，總結經驗，新產品的開發也就並不是一件難事。

第三節　新產品成功的關鍵

一、斯坦福的研究

斯坦福有關成功/失敗的項目，主要研究在於高科技電子企業與新產品。在此項研究中，成功的產品具備以下幾個共同性：

· 成功產品性能價格比高（是深入瞭解顧客及市場的結果）。

· 精通市場推廣，有強大的資源支持。

· 產品邊際產出高。

· 研發過程計畫週密，執行得當。

· 創新、製造、銷售功能相互銜接，協調有序。

· 產品較早進入市場，即在競爭前進入。

· 營銷與技術手段均可行（在項目需求與公司能力方面找到平衡點）。

· 項目從始至終有公司高層管理人員支持。

研究人員發現，在最近的斯坦福革新項目對美國電子工業的研究表明，有幾點因素將成功者與失敗者區分開來（86 個成功，86 個失敗）：

· 成功者研發質量水準建立在市場與顧客的層面之上，有可靠的保證。「顧客層面」指的是能夠全面地理解顧客所需，並能形象化地說明新產品如何解決顧客的需求。

· 成功者技術卓越，產品特徵顯著。

‧ 成功者有積極的市場氣氛，他們第一個進入市場，享受市場
  不斷增長壯大的喜悅。

‧ 成功者提供給顧客極大的價值體驗。

‧ 成功建立在公司現有技術力量和組織能力的基礎之上（但營
  銷力量和製造部門對於電子工業研究的成功卻沒起多大作
  用）。

二、布茲‧艾倫與漢密爾頓的調查研究

　　布茲‧艾倫與漢密爾頓調查了 700 多家企業新產品情況，發現
在這些成功產品的企業中，有很多相似之處：

　　1.**運行哲學**：成功的企業往往依賴於新產品開發而壯大。他們
比那些失敗的企業花費更多的時間在新產品研發過程中。他們有可
能制定一個戰略計畫，其中包括公司因新產品項目而發展的部份。
他們有可能在新產品初創階段全面著手調查研究，比那些不成功的
企業多花 10 倍的精力去研究新產品創意。

　　2.**組織結構**：成功的企業更有可能構架新產品研發或製造的組
織圖，讓市場和研發功能在新產品研究過程更有影響力。他們主張
新產品的高級執行官長時間堅守崗位，而不是像不成功的企業那
樣，將他們隨意更換。

　　3.**注重經驗**：經驗可以幫助公司引入新產品時提升新產品的性
能。經驗曲線與新產品研發成本是一致的：如果你總是做某些事，
你就能在那些事上成為專家。在長達 5 年對 700 多家企業 13000 多
個新產品引入項目的研究中，我們發現：

經驗成就了 29%的成本曲線。每增加一項新產品,其引入成本就減低 29%。經驗的優勢來自於對市場和研發步驟的熟練掌握。

4.**管理風格**：成功的企業不僅選擇適合於滿足新產品開發需求的管理模式,還可以修改、完善、適應變化了的新產品機遇,它包括：

· 企業家方法,主要用於全新產品（市場上從未有過的產品）。

· 大學式方法：用於進入新領域的產品和已有產品品種的補充型產品。

· 管理方法：多數用來開發與現有業務緊密相聯的新產品。

調查也列出了新產品管理的最佳實踐指南：

⑴**執著**。企業必須訂立一個新產品長期契約書。他們必須著眼于向內尋找未來的產品機會,致力於內部產品開發,將其作為成長指標的主要來源。他們必須樂於以公司目標和戰略來指導週密的新產品開發計畫,並以足夠的資金、管理和技術來支持新產品計畫,以兌現他們一貫的承諾。

⑵**戰略**。公司專門用以解決新產品流程方法的核心即是一個設計精良的新產品戰略。它將公司目標和新產品過程緊密連接,並將注意力放置在構思/概念的產生階段及建立適合的初篩標準的方針上。新產品戰略規則的作用不是用來推廣特別的新產品思路,而是用來幫助發現將要開發的新產品的市場。

⑶**過程**。成功的新產品開發在其過程中有幾項不可或缺的元素,而這一過程中有一個新步驟,也就是戰略制定。這個校正過的新產品過程關注於尋找創意,減少創意的無端消磨,並致力於創造一個較高的成功率。其過程的改善最終將帶來更為有利的費用分

配：公司能夠改進新產品花費的比例進而使產品獲得絕對的成功。

三、惠普公司的研究

應用新產品項目研究，惠普公司對成功新產品做了一項內部研究，發現有以下幾個顯著特點：

1. **理解用戶所需**。項目小組完全瞭解產品的潛在用戶和顧客以及產品本身帶給用戶的價值。

2. **戰略結盟**。將項目與公司戰略、特有的部門活動目標、組織發展章程結合起來。

3. **競爭分析和卓越的產品**。已充分掌握競爭對手為顧客製作解決方案，所做的每一次努力都要保證開發的新產品在上市時優於對手。

4. **服從規章制度**。已明確並傳達所有產品範疇內的規章部份：侵犯專利權問題、工業標準和行業規範、環境、健康、人體工程學及全球化觀點。

5. **優先方案標準列表**。為了在開發過程中做出一個權衡各方的可行的方案，優先方案標準應在開始產品開發前就制定出來。這些方案標準包括製造成本目標、進入市場的目標時間、主要產品特點、為科技平臺延伸採取的策略、可靠的目標以及設計可行性生產目標。

6. **風險評估**。優先決策標準列表指出了高風險領域，包括新產品裝配組合、新產品過程、市場計畫以使其在開發階段早期就被提出。

7. **產品定位**。為了提供比競爭者提供的產品價值更高的產品，

並將產品正確定位在深入瞭解顧客需求和購買動機上。

8.**產品管道和產品支援**。成功的產品有正確的分銷管道和產品支援計畫。

9.**高階主管對項目的認可**。高階主管十分瞭解開發項目並給與支持。

10.**全部的組織支援**。管理層依據計畫提供全方位的財政及人力資源。

惠普成功的新產品項目徹底地、認真地執行上述 10 項做法，並且沒有漏洞和缺陷，而那些不成功的項目總是在這 10 個項目當中存在著若干缺陷。

四、成功產品的關鍵因素

真的有新產品成功模式這回事嗎？如果有的話，是什麼將成功的新產品項目與不成功的項目分開來的呢？

成功有它的模式。確實，成功的新產品項目與不成功的項目之間有極大的差異，這就是決定新產品成功的 8 個決定性因素。在表 2-3-1 中總結了這 8 大因素的影響，顯示了一些重要因素的量級。

1. 一個優異的產品帶給用戶獨一無二的好處。

好產品帶給使用者真實的、無與倫比的體驗，遠勝於仿製產品。

為什麼這些優異的產品帶給顧客的利益是一樣的呢？這些成功產品提供了競爭者所沒有的獨一無二特質的產品，與競爭者相比較，他們能更好地滿足顧客需求，解決了競爭者所不能解決的問題，降低了顧客的總成本──高使用價值，產品的創新──是市場上原本

沒有的產品。

產品的特色同時也可作為新產品項目過程管理規劃的依據。產品優勢和顧客利益在產品開發中顯得至高無上。只要求得「與競爭對手一樣」，或「造出好產品/符合市場要求」已經不能滿足市場需求了，新產品開發過程的目標是產品卓越與優勢。

表 2-3-1　成功因素在不同項目中的影響及表現

成功驅動因素	相關關係	
	對利潤的影響	對時效的影響
獨特、卓越、有區別的產品，顧客值得一買	0.534	無
強烈的以市場為導向的意識——融入顧客的聲音	0.444	0.406
在開發前，明確的以事實為依據的早期產品定義	0.393	0.242
堅實的前期工作——將前期工作做好	0.369	0.408
向真正的多功能的隊伍委以重任，足智多謀的，負責的，投入的領導	0.328	0.483
平衡——將項目建立在商業的技術與市場能力上	0.316	無
市場吸引力——大小、成長性、邊際	0.312	0.215
進入市場時的質量：週密地計畫，正確地使用資源	0.286	0.205
科技活動中的技術能力與品質執行情況	0.265	0.316

2.開發階段詳細定義產品

成功的產品在開發前期就有一個極其明確的定義。這些有著明確定義的項目的成功率是其他項目的 3.3 倍，有很大的市場佔有率

（平均為 38%），獲利能力為 76%（定義不明確的產品的獲利能力只有 31%），從這一比例來看，更有利於實現公司銷售額及盈利目標。

這些成功產品有那種類型的定義呢？在項目被允許進入開發階段之前，這一項目的產品就應該有一個清晰的、被普遍認同的定義，諸如目標市場、顧客需求、偏好、產品概念——產品是什麼，什麼功能，產品的規格及要求。

項目開發前明確產品定義的作用是不可估量的：

· 將定義階段所需的內容及要點列入新產品開發過程。

· 定義階段應該在進入開發階段前完成——是一項在開發前必須完成的一項工作。

· 定義須建立在堅實的顧客研究的基礎上，須強行加入到開發前的工作步驟中。

將明確產品定義作為一項規定：除非按要求完成其精確的產品定義，將該定義建立在事實研究的基礎上，並經全項目組人員簽字認可，否則任何一個項目都不得進入開發階段。

3.技術活動的執行質量

按質量標準進行技術活動的項目更有可能成功一些。例如，產品有 2.5 倍的成功率和較高的市場佔有率，平均來說為 21%。這些成功的產品在某些方面有很高要求的執行質量，例如前期技術評估、產品開發、內部產品或原型產品測試、試生產或小規模生產及產品啟動。

其意義很明顯：品質執行非常重要。這些技術任務執行得如何與新產品成功關聯極為密切。它對於管理的挑戰就在於：應在設計的初期階段就將品質執行納入新產品開發過程之中，而不要做事後

諸葛的無用功。

4.技術杠杆

成功的項目在項目需求與公司研發或產品開發、技術水準及資源、製造與資源運籌和技巧等方面有非常明顯的特點。從獲利能力、滿足公司銷售額及盈利目標方面來講，這樣的產品有高達 2.8 倍的成功率。

這也是來源於技術優勢的回應。能夠調整內部技術能力與資源方面平衡是成功的至關重要因素。這些技術杠杆因素在評估中的初評標準及項目的次序排列上尤其重要。

5.項目前期的品質執行（開發前期活動）

成功的產品在產品開發階段前期就顯現出較高的執行品質。

這些開發前期活動對新產品成功尤其重要，它包括初篩、初期市場及技術評估、詳細的市場研究及商務與金融分析。

這五個因素必須加入到新產品開發過程的常規程式中而不是僅出現在特例中。很多項目從一個新產品構想就直接進入開發階段，不但不做什麼前期工作來定義產品，還辯解說是在以「準備待命的，熱情的，有目標的」方式推行項目。這些前期開發當然與產品定義關係密切。如果很草率地完成這些前期開發工作或稱「前期功課」，那麼產品定義就會很空泛、很模糊，至多也就是道聽途說而已。

6.市場杠杆

成功的產品以密不可分的項目需求與公司銷售力量和分銷體系、廣告資源和技巧、產品調研和人力資源以及售後服務能力相提並論。市場杠杆存在的地方，成功率就可達 2.3 倍，盈利能力也較高。

　　當挑選項目並給項目排序時，必須考慮到市場杠杆的重要性。上述市場杠杆的組成，與上述第 4 項列出的技術杠杆組成都是你初篩、挑選和排序項目中的主要評價標準。

7. 市場活動的執行質量

　　許多公司在項目的市場方面處理不好。「做好市場」意味著不僅要有良好的上市和銷售業績，更重要的是，還要把顧客的聲音融入產品開發的整個過程，尤其是在開發前期階段。對新產品的成功起到重要作用的市場活動包括以下幾個方面：

- · 項目最初的市場評估。
- · 詳盡的市場研究和市場調查，確定顧客需求，傾聽顧客的聲音，修正將推出的產品概念，以觀測顧客反應。
- · 顧客檢驗原型產品和新產品樣品。
- · 試銷或市場測試來確定購買意向。
- · 產品上市。

　　當出色地完成這些活動後，成功率和市場佔有率將顯著提高。

　　認真地進行市場活動對新產品成功將起到關鍵作用。然而這些活動經常是沒被作為項目整體中的一部份來認真對待，執行起來經常是事先考慮欠佳，事後懊悔不已。

　　這說明，以市場為導向的強烈意識對於這些重要活動的執行質量是至關重要的。

8. 市場吸引力

　　定位於較有吸引力的市場的產品將更容易獲得成功。在研究中，有吸引力的市場被定義為有高成長率的大市場和顧客有很高需求的市場，並將購買力作為一個關鍵因素來考慮。產品鎖定在較有

吸引力的市場，其成功率將高出 1.7 倍，也更出色地表現在獲利能力與達到的銷售額與盈利目標上。

第四節　案例：蘋果公司的 iPod 成功

蘋果公司的 iPod 是今年來最成功上市的新產品之一。憑藉可以儲存大量的重要唱片，它改變了公眾聽音樂的方式。

長期以來，手機被認為是 MP3 播放器和 iPod 最現實的挑戰者。利用手機進行的數字下載服務的推出，說明電信行業和媒體之間趨同的速度是驚人的，這讓許多觀察家認為手機發展的新時代到了。用戶將樂意為額外的服務支付更多的費用，許多分析家預測，手機把個體組織者、數字音樂播放器和遊戲控制台結合在一個單獨的裝置裏，它最終將作為時代的主導技術而出現。

2006 年 5 月預測，手機將取代 iPod 成為最受歡迎的數字音樂的收聽方式。蘋果公司和 iPod 對於那些還沒有完全進入到數字音樂的人來說，MP3 是動態影像壓縮標準層級 3 的首字母縮寫，它是一種壓縮的音頻格式。其壓縮率從 12 到 1 不等，從而可以產生出高保真音響。層級 3 是音頻信號壓縮的三種規劃代碼之一（層級 1、層級 2、層級 3）。它減少了所需壓縮的音頻數據，但對大多數聽眾來說，它聽起來仍然像是未經壓縮的原始音頻的真正複製品。它是由德國夫琅和費社團的工程師小組發明的，並於 1991 年取得了 ISO/IEC 標準。這種壓縮格式便於通過 internet 轉換音頻檔並把音頻檔儲存在可攜式播放器，例如 iPod 和數字音頻服務器中。

蘋果公司的 iPod 音樂播放器的顯著成功，促使蘋果回到全球公司 500 強的行列中。這標誌著自 2001 年落選該排行之後，技術公司又重返世界頂級公司的行列。其股票價格在過去兩年裏翻了五倍，從而使得公司資產達到了 340 億美元（190 億英鎊）。

從歷史來看，蘋果是一家電腦公司，其核心顧客源有大約 1500 萬經常用戶：而 windows 用戶有 4 億之多。蘋果總認為其主要技術權限與主要的電腦特許經營是非常接近的。

例如，消費者電子產品是通過不同管道銷售的，而且它們的產品生命週期也不同。要改變這些是非常困難的。促使 iPod 更容易轉變的原因是，iPod 最初是作為個人電腦的輔助設備而推出的，儘管它最終成了消費者電子產品。最後，蘋果認識到，iPod 不可能僅限於麥金塔系列，它同樣也必須成為個人電腦的輔助設備。向個人電腦市場的轉變使蘋果可以進入一個比它的核心顧客源更廣闊的市場。

蘋果 iPod 的成功，得益於其 iTune 音樂庫網站（www.Apple.com/itunes），該網站允許消費者將他們所有的 CD 都數字化，同時以每首歌 79p 的速度下載音樂。網站自 2003 年 4 月開設以來已經銷售了 5000 多萬首歌曲，至今，持續多年為蘋果帶來了相當可觀的收入（Durman，2005）。然而，從 iTunes 音樂庫中下載的音樂只能在蘋果的 iPod 上播放（Webb，2007）。人們普遍認為網站既簡單又有意思；它也提供了一種合法的途徑讓人們可以把音樂添加到其數據庫中。要把歌曲輸入 iTunes，你只要簡單地把 CD 插入你的電腦，然後點擊「輸入 CD」。iTunes 也可以以 AAC-a 的格式壓縮並儲存音樂，這種格式是以 Dolby 實驗室提供的尖端的高保真技

術為基礎的。它同樣也提供了不同的音頻格式供用戶選擇。iTunes
可以讓你在不必支付額外費用的情況下，以較高的速率把音樂轉換
成 MP3。與同等空間大小的 CD 相比，使用 AAC 或 MP3 可以儲存 100
多首歌曲。iTunes 也支援蘋果的 Lossless 格式，該格式佔用音頻
大約一半的儲存空間。

　　2005 年，具有蘋果傳統風格的數字音樂播放器的銷售增長率，
使公司股票價格超過 2004 年猛漲 200%多。然而，蘋果面臨的挑戰
是如何維持 iPod 帶來的成功，特別是它對 PC 銷量造成的間接影響：
最明顯的是 iMac 以及可攜式 PC 的筆記本系列。蘋果可以持續降價，
但這意味著更低的利潤。另一個選擇就是改進產品，例如，給 iPod
增添一些諸如掌上電腦、衛星廣播、無線郵件以及無線電話等新的
性能和功能。然而，這種改變對蘋果來說似乎並不是一觸即發的，
儘管它被譽為是設計簡單操作方便的產品。實際上，蘋果對 MP3 市
場上的競爭的真正反應是削價和改進產品。

　　2005 年，它推出了非常暢銷的 iPod 數字音樂播放器的低價
版——Shuffle(隨機播放)，該版本的主要改進方面是電池功能以及
非常薄的 iPod Nano。然而與此同時，一個巨大的潛在威脅是新力
愛立信宣稱。在其隨身聽品牌下推出一款新型的、低價的高性能數
字音樂播放器。自 2001 年 10 月蘋果首次推出其 iPod 以來，它已慢
慢降低了價格並改進了產品的功能。設計風格和款式大大地促進了
蘋果的成功，從而使其擁有 MP3 播放器 50%的市場佔有率。包括藏
爾、創意公司在內的競爭對手相繼推出了許多頗具競爭力的播放
器，大多數播放器都很便宜而且電池功能良好。然而，iPod 似乎已
經取得了難以攻破的偶像地位。

　　蘋果最近成功的核心是它作為一種品牌生活方式的出現而不是作為一家技術公司，例如蘋果非常希望能強化它加利福尼亞公司的傳統（設計出 iPod 的功臣是畢業於紐卡斯爾技術專科學校的學生 Johnathan，現在是蘋果公司的設計副主管）。每一款 iPod 上都印有「加利福尼亞設計」的字樣。如果蘋果能將 ipod 的成功資本化，並將其轉換成 PC 市場增加的市場佔有率，這將明顯表明公司在 PC 行業發生了極具戲劇性的轉變。

　　為了強化品牌生活方式的理念。人們想看到的還不止為 iPod 增加大量的配件。意識冷靜的 iPod 購買者似乎無法得到足夠的包裝盒、轉換器、話筒或軟體；這些配件足以讓消費者可以在旅途中、教室裏以及街上都可以隨意帶上 iPod。實際上，這種方式為蘋果和 iPod 提供了一個很大的發展機會。蘋果面臨的挑戰是，它是否可以通過為那些希望在收聽音樂時不受任何干擾、能毫不費力地從「家到車到人行道」運動、只需簡單地接通和切斷數字音樂播放器電源的消費者提供選購品，從而在車載娛樂市場推出 iPod。

　　蘋果已經與寶馬合作，為其提供一個允許用戶把 iPod 插入汽車音響系統的車載轉換器。汽車音響製造商先鋒、阿爾卑斯（Alpine）和 Clarion 都推出了一些轉換器。這些轉換器允許 iPod 的用戶把音樂播放器直接安裝到他們的汽車音響設備上，並利用這些音響控制設備來播放 iPod 存儲的音樂。

　　另外，日本的尼桑和少數歐洲豪華汽車製造商說，他們將開始銷售配有 iPod 相容音響系統的汽車。仍然很明顯的是，一些汽車大玩家卻不理會蘋果的 iPod：如日本的本田和豐田以及戴姆勒·克萊斯勒、通用汽車和福特等美國三大汽車集團。技術許可問題又使蘋

果公司感到苦惱。

自蘋果公司於 2001 年推出 iPod 以來，一些懷疑人士指出這僅僅是時間問題，因為不久之後，微軟和它的硬體合作夥伴將會開發出一款足以將蘋果通退該市場的價格更便宜、且具有行業標準的音樂播放器，就像微軟推出的 Windows 一樣。人們還記得蘋果是如何拒絕許可轉讓其技術從而導致其推出個人電腦市場的，評論家說，公司決意又要犯同樣的錯誤了。蘋果面臨的一個關鍵問題是。當戴爾和其他對手開始以更低價位的產品進入該市場的時候，它是否還能繼續從 iPod 中賺取巨大的利潤。

同樣，蘋果遇到了正如它的 Mac（麥金塔）遭遇的銷售專利案一樣的挑戰。也就是說，iPod 上的音樂不能在蘋果之外的設備上播放。然而，這種情況改變了，蘋果正允許惠普轉售 iPod。這是它們試圖進入大眾市場最先邁出的一小步。如果它們繼續這麼做的話，那可能是策略上的根本變化。另一方面，如果它們繼續像執行電腦作業系統的技術許可策略一樣執行 iPod 的技術許可策略，那將意味著它們對一小部份客戶採取的是有選擇的許可經營，那麼它們還是會存在風險——繼續承受戴爾等競爭對手在價格方面施加的壓力，並讓微軟軟體的用戶擁有更廣泛的選擇，從而導致 Mac 問題的重演。

實際上，就像影帶系統（VHS）和 Betamax，他們之間在 20 世紀 80 年代中期爆發的關於標準的戰爭一樣。iTunes 有它自己的標準，它也可以選擇微軟、Real Network 和其他公司推出的標準。你可以採用蘋果的調整方法來獲得發展，而不是被某種絕對增長所驅動。例如，iTunes 最初只適用於 Mac。它必須促進 Mac 的銷售，然後在 6～9 個月之後，蘋果才可能推出一種版本的 Windows。問題是，它

這樣就給競爭對手提供了六至九個月的時間來推出 Windows 的產品，由此形成了一個更具競爭性的環境。一些分析家認為，就脫離其用戶和拋棄傳統而言，蘋果需要深思熟慮，它應該先從 Windows 開始改變然後是麥金塔，正如其他人的最終想法一樣。但是，批評家指出，那不是蘋果思考問題的方式。在開發出一種針對 4 億用戶，隨後鎖定蘋果的全部用戶以及 2500 萬潛在用戶的新產品以後。優勢就很明顯了。但是按照蘋果的方式來操作也有很多優勢。

蘋果 iPod 的成功是顯著的，它讓蘋果的競爭對手們感到驚訝。

實際上，iPod 為蘋果帶來了現金。實際上在 20 年前，蘋果就已經是這樣的了。蘋果麥金塔(Mac)在 1984 年的成功為蘋果創造了大量的現金，以及在不斷發展的 PC 市場不斷上升的市場佔有率，然而微軟成為贏家，這主要是因為它把它的作業系統許可轉讓給了所有的 PC 製造商，而蘋果反對這種做法，反而選擇控制自己的系統。微軟最終成為世界上主要的軟體公司。2005 年，蘋果的 iPod 成為數字音樂播放器的領導者，但是它該不該許可轉讓其成功的 iPod 技術？當然有很多汽車製造商希望能提供車載音樂播放器。有一些手機製造商想把 iPod 音樂播放器合併到他們的產品中去。

還有許多電子公司，如新力、夏普、佳能等，希望能利用 iPod 技術開發數字音樂播放器。就軟體而論，蘋果認為技術是實體產品的一個內在組成部份，把音樂播放器的美感與軟體相分離將有損於 iPod 品牌，並成為數字音樂播放器市場的日用品以及造成 iPod 的整體衰落。此外，蘋果的利潤相對是比較可觀的，許可轉讓技術無疑意味著加劇競爭以及降低利潤。

蘋果是以其麥金塔電腦而聞名的，依靠 iPod 及其 iTunes 在線

音樂庫的音樂銷量來彌補它在高度競爭的 PC 市場的利益損失。必須提醒商務專業的學生，這最終還是與資金有關：1995 年，蘋果的規模是微軟的兩倍，自那以後，蘋果就沒能為其股東帶來增長。實際上，與整個股市相比，蘋果的業績一直不好，1992 年投資的 1 美元到現在僅值 79 美分。在過去技術景氣(2000)的歲月裏，它產生了大量的現金，並且約伯斯先生做了一項非常好的工作——對公司進行了簡化，才使得蘋果能繼續持有那些現金。但從根本上看，發展是緩慢的。PC 的核心業務繼續縮水，只有 iPod 和 iTunes 在推動目前收益的增長。然而值得關注的是，iPod 對蘋果的全部財產所起的作用還是相對很小的。但是可攜式音樂業務表明，與上一年同期相比，iPod 在 2003 年對公司收入增長的貢獻率大約為 40%，並呈現出巨大的增長潛力。

對我們大多數人來說，iPod 是一種產品，一種新奇的、外觀漂亮、操作簡單的工業設計。而對於蘋果電腦的股東們來說，這種微型的音樂播放器隱含著更多的含義。它可能是一個產品平台，不僅僅是風險利益問題。當產品處於孤立的狀態時，平台實際上是整個市場的標準。蘋果 denim-clad 的創立者、最高行政長官史蒂夫·約伯斯應該比任何人更清楚它們的差別。

蘋果網站說：「蘋果公司在 20 世紀 70 年代推出的蘋果第二代，引發了個人電腦領域的重大變革。80 年代推出的 Macintosh 使個人電腦呈現新的面貌。」然而，現在蘋果公司在個人電腦市場僅擁有 3.5%的市場佔有率。原因是什麼？蘋果公司保守自己的軟體，這使得微軟建立起自己的作業系統，開始是 MS-Dos(微機系統管理)，然後是 Windows，成為年產值達到 1750 億美元(960 億歐元)的個人電

腦行業的產品平台。

　　現在另一個機會來了——建立 iPod 作為數字音樂的平台，蘋果公司已經採取了一系列措施來拓寬 iPod 的市場，最近它與惠普開始合作——惠普利用自己的品牌來銷售 iPod。

　　蘋果公司已經與幾家能夠為 iPod 提供附加產品的公司密切合作。這些附加產品把音樂播放器變為答錄機、汽車音響或者數字相冊。麻省理工學院斯隆管理學院的管理學教授 Michael Cusumano 說，互補產品的這種「生態系統」的進化是產品平台出現的一個徵兆。

　　例如，微軟歷經 20 世紀 80 年代的艱辛終於贏得了軟體發展商的位置。這保證了微軟相容應用軟體的穩定供應，從而有助於 MS-Dos 和 Windows 成為行業標準。

　　但是，互補產品的開發是平台的必要條件而不是充分條件。哈佛商學院工商管理教授 David Yoffie 認為，關鍵在於公司是否準備把它的技術轉交到競爭者的手中。他提到，Palm 公司在 1999 年決定把它為個人組織者開發的齊名作業系統轉讓給新力公司和 Handspring 公司。就像現在的 iPod，Palm 的最早一批 Pilot 可攜式個人組織者在 90 年代後期成了市場領導者。和蘋果公司一樣，Palm 與外部的幾家公司進行合作，創立了互補產品的一個生態系統。通過許可轉讓技術，Palm 承擔了 Pilot 銷售受到損害的風險。它認為，從長期來看，通過把 Palm 作業系統確立為佔有支配地位的手提電腦產品平台，Pilot 肯定能賺更多的錢。

　　Palm 的博弈依然沒有獲勝。自 1999 年以來，Palm 作業系統緩慢的開發使得包括微軟和 Symbian 在內的一些公司相繼建立起競爭

平台。Palm 太晚看到手提式電腦和手機的融合。然而，可以證明這些都是執行上的失誤。Palm 的平台戰略是清楚的。蘋果公司已經開始朝這個方向發展了。去年，它推出了與 Windows 個人電腦相容的一個 iTunes 版本，這是一種與 iPod 相配套的在線音樂商店，一舉迅速擴大了市場。

蘋果公司本月發表聲明，將把 iPod 的銷售權轉讓給惠普這個世界上最大的個人電腦銷售商，同時也是主要的競爭對手。

約伯斯先生甚至把 iTunes——它佔據合法音樂下載量的 70%的佔有率——看做是其市場上的「微軟」。言外之意是什麼？他把 iTunes 視為支配型的產品平台，新的數字音樂市場將據此出現。

蘋果公司沒有為了追求更大的利潤而敢於犧牲 iPod 的銷售。惠普將銷售蘋果製造的 iPod；它不會利用蘋果公司許可轉讓的技術生產自己的產品。「除非『蘋果』這麼做了，否則還和以前一樣」，Yoffie 教授說。Cusumano 教授也認為：「如果史蒂夫‧約伯斯真的要建立數字音樂平台，那麼他就會轉讓技術。你必須知道他們是否真正理解平台機制。」

兩位教授都質疑蘋果公司強大的企業文化是否允許公司邁出這一步。公司的歷史幾乎是處於任性的隔絕狀態——公司花了 20 年的時間，整合自己擁有的硬體和軟體來生產約伯斯先生所說的「非常偉大」的產品。沒有人會否認 iPod/iTunes 就是這樣一種結合。銷售量說明了一切——到目前大約銷售了 200 萬台 iPod，2003 年第四季的銷量為 73.3 萬台。人們不太清楚公司是否有一個與之匹配的非常偉大的戰略。蘋果電腦公司拒絕評論此文章。

第 **3** 章

新產品開發的戰略模式

不同的新產品戰略可由新產品開發的戰略競爭域、戰略目標與戰略規劃措施的不同組合而形成。從對企業資源的要求和風險程度的角度，可將這些戰略分為定位戰略、進取戰略和冒險戰略等幾種戰略模式。

第一節　新產品開發的主導方法

若想在激烈的市場競爭中立於不敗之地，獲取長期可持續的競爭優勢，就必須不斷推陳出新，推出更有生命力、更符合市場要求的新產品。

企業研製開發新產品，一般有以下三種方式：自行開發、技術引進、自行開發與技術引進相結合。

1. 自行開發

自行開發，是一種獨創性的新產品開發方法，它要求企業根據市場情況和用戶需求，或針對原有產品存在的問題，從根本上探討產品的層次與結構，進行有關新技術、新材料等方面的研究，並在此基礎上開發出具有本企業特色的新產品，特別是開發出更新換代型新產品或全新產品。

自行開發新產品的風險比較大，企業在開發新產品時，要注意新產品應該在某方面能給消費者帶來明顯的利益；新產品要與消費者的消費習慣、社會文化、價值觀念相適應，使消費者易於接受；新產品應該結構簡單、使用方便；新產品應該儘量滿足消費者多方面的需求；開發新產品還必須講求社會效益，即節約能源，防止污染，保持生態平衡。因此，企業自行研製新產品，要求具備較強的科研能力和雄厚的技術力量。

2. 技術引進

技術引進指企業開發某種產品時，國際市場上已有成熟的技術可供借鑑，為縮短開發時間，迅速掌握產品技術，儘快製造出產品以填補國內市場的空白，而向國外企業引進製造技術的一種方式。

技術引進是新產品開發常用的一種方式，特別是對於產品開發能力較弱、而製造力較強的企業更為適用。但是，一般說來，引進的技術多半屬於別人已經採用的技術，該產品已經佔領了一定的市場，特別是從國外引進的技術，不僅需要付出較高的代價，而且還經常帶有限制條件，這是在應用這種新產品開發方式時不能不加以考慮的重要因素。因此，有條件的企業不應把新產品開發長期建立在技術引進的基礎上，應逐步建立自己的產品研發機構，或是通過

科研、產品設計部門進行某種形式的聯合，開發出自己的新產品。

3. 自行開發與技術引進相結合

自行開發與技術引進相結合，是指在對引進技術充分消化和吸收的基礎上，與本企業的科學研究結合起來，充分發揮引進技術的作用，以推動企業科研的發展、取得預期效果。這種方式適用於：企業已有一定的科研技術基礎，外界又具有開發這類新產品比較成熟的一部份或幾種新技術可以借鑑。該方法結合了以上兩種方法的優勢並互補了劣勢，因此它在許多企業得到了廣泛採用。

第二節　　新產品開發的戰略模式

從對企業資源的要求和風險程度的角度，新產品的戰略模式可分為定位戰略、進取戰略、冒險戰略等幾種戰略模式。

1. 定位戰略模式

定位戰略的基本思路是，有選擇地開發一些風險較小、且不改變企業基本產品結構的新產品，以保持企業現有的市場地位和競爭能力。定位戰略也可比做維持現有地位戰略或防禦戰略。現在許多家電企業的新產品戰略，包括彩電、VCD、冰箱等市場成熟產品，往往採用這種戰略模式。新產品的戰略目標主要是維持市場佔有率、維持利潤水準，進行一些發展。新產品的戰略競爭域主要由產品和顧客群維度及其組合來界定，主要以市場營銷來創新。其創新程度多為模仿，包括對現有產品的改進和對競爭對手產品的模仿。所選擇的投放市場的時機也多為緩慢反應型或敏捷反應型。

表 3-2-1　各種新產品戰略模式的特點

特點	定位型戰略模式	進取型戰略模式	冒險型戰略模式
戰略目標	維持市場佔有率、維持利潤	增加銷售量、提高市場佔有率	快速發展，大幅度提高市場佔有率
戰略競爭域	產品、顧客群	最終用途、技術	最終用途，技術、顧客群
創新來源	市場營銷	市場營銷、技術	技術，收購
創新程度	模仿型、杠杆型創造	適應型、先導型	先導型（藝術型突破或杠杆型）
創新時機	緩慢反應型、敏捷反應型	敏捷反應型、率先進入市場	率先進入市場

2.進取戰略模式

進取戰略的戰略意圖是，在企業現有的資源和產品的基礎上，不拘一格，主動創新，成為市場上的領先者或緊跟者，以獲取高收益。因此，進取戰略強調創新，在一定的可控度範圍內力圖以高風險換取高收益。由於進取戰略投入新產品開發的資源有一定的限度，該戰略雖有高風險，但仍是可以控制的。電腦、通信企業的新產品戰略，如手機、交換機的開發等，較多採用進取型戰略模式，以獲取高收益。例如，英代爾公司採取高風險、高收益的進取戰略，在半導體市場的研究開發投入方面，著重技術突破。進取戰略目標一般確定為迅速增加銷售量和提高市場佔有率。該戰略的創新來源多為市場營銷或技術，或兩者的結合；創新程度可能達到先導型，至少部份是先導型。在新產品投放市場時機的選擇上，多數確定為

選擇率先進入市場和敏捷反應型。

3.冒險戰略模式

　　如果企業現有的市場日益縮小或嚴重地受到替代產品的威脅，從而限制了企業進一步的生存和發展，或企業斷定經過自身的努力可能有獲得較大的成功，就可以選擇冒險戰略，即突破現有經營條件和市場的限制，投入大量的資源開發具有高度風險的產品，以獲得巨大發展。冒險戰略風險很大，投入資源也很多，收益也可觀，但要求企業在技術、資金、市場營銷等方面有強大的實力。例如，IBM 公司 20 世紀 60 年代初投資 50 億美元，用 4 年時間開發 360 系列產品。新產品用積體電路取代電晶體電路，不僅大大提高了電腦的運算速度，而且降低了成本。該產品開發的巨額投資伴隨著公司破產的巨大風險的同時也帶來了巨大的發展機會。該產品成功後，IBM 在以後很長一段時間佔據了市場領導地位。該戰略的目標是快速發展、大幅度提高市場佔有率。其競爭主要通過最終用途、技術和顧客群維度及組合來界定。所追求的創新來源是技術、收購或許可證貿易。創新程度是採用先導型（藝術性突破或杠杆性創造）。率先進入市場是其所選擇的新產品投放時機。

第三節 案例：柯達的新產品開發戰略

「創新技術、突破生活」是柯達公司傳統的座右銘。

柯達的創始人喬治‧伊士曼 20 歲時，就對照相機感興趣，雖然沒有積蓄，他卻開始著手研究照相乾板。為了實現這一夢想，1881年 1 月，他把自己極端珍視的 5500 美元積蓄作為準備資金，在羅契斯特創立了照相乾板製造公司。乾板的製造，比原來的濕板更困難。但從玻璃板的乾板到軟體，一步一步接近了照片的大眾化。這個公司便是伊士曼‧柯達的前身，當年喬治‧伊士曼 27 歲。喬治一邊製造照相乾板，一邊對照相機的全部構造及性能進行仔細研究，他一直想製造出一種操作簡單的照相機。經過 7 年的苦苦研究，終於研製出一種小型口袋式照相機，命名為「柯達第一號」。此後，柯達公司還連續推出「袖珍型全自動照相機」和「立即顯像攝影機」，可以說是在世界照相史上具有劃時代意義的兩次突破。

柯達公司認識到，某種類型照相機若能長期銷售就可盈利累累，但同時又要顧及業餘攝影愛好者玩膩某型照相機之後就減少購買軟體的傾向。因此，柯達的策略就是每隔一段時間就推陳出新，讓新一代的青年接觸到新型的柯達相機。於是，1969 年柯達公司就想秘密設計一種「立即顯像攝影機」。當時，這種相機已經問世，著名的「拍立得」公司已經製造出即時顯像的相機 SX-70，只是最初SX-70 在使用時須將保護乳劑的保險紙撕開丟掉，這等於是在製造垃圾，但「拍立得」也在著手改良這種相機。在這樣激烈的競爭中，

柯達公司的首腦們並不過分緊張，在位於羅契斯特的柯達總部，主管們顯得異常沉穩和鎮定，他們總是善於控制業務變動的步伐，從容地開發與發展多種新產品，掌握每一種產品的壽命以獲得最大的利潤。這也是柯達一貫的管理領導藝術。

根據它穩步求勝的戰略，「即顯相機」經歷了週密的研製過程。公司先確定這種相機與軟體大致具備的優勢，然後考慮用戶的潛在需求，在克服「用戶不滿意」上下功夫。所以，新產品首先務必要廉價；其次，必須容易操作，以消除用戶因技術欠佳難以駕駛相機的恐懼心理；最後，必須保證品質，不能讓用戶在攝影效果上失望。

正如即顯部主任麥克尼斯所說：「用戶真正關心的是這部相機是否能比較容易地照出色彩豔麗的攝影佳作。」根據這些要求，柯達公司成立了特別小組，從技術方面研究解決這些問題。到 1971 年初夏，研究人員提出了 3 種軟體設計的方案，供管理部門選擇，同時，也附呈每一種方式所需的開發費用。

決策部門批准了其中一種為最佳方案，分別在英國、法國和美國開始推行。執行小組的成員包括生產、推銷與研究三方面的專家，他們的工作十分艱巨。例如，為了解決聚焦問題，執行小組決定柯達即顯照相機的鏡頭應該很小，這會產生背景深遠的效果。可是鏡頭孔徑一小，通過的光也就較少，執行小組只好決定採用較目前軟片快 4 倍的高速乳劑膠捲，但這種膠捲的研製需要耗費大量資金。

於是柯達公司組織 1000 多位研究人員，在美國與西歐從事此膠捲的開發，直到 1972 年初，塞格領導的特別執行小組，從 3 種化學軟片中選定了可以產生瑰麗色彩的一種，一個月以後，小組終於找出了能大量產生性能特快的快速感光乳劑的方法。最後，感光乳劑

在美國試製，經柯達總部羅契斯特實驗室的加工，而後又獲得法國
控制乳劑專家的協作使其更加完美。同時，柯達公司新照相機的發
明，也直接擴大了它的軟片市場。

　　1952～1963 年柯達公司在研製「袖珍型全自動相機」期間，同
時改製了古老的軟片，為了便於安裝，柯達首先設想把軟片與匣子
合成一體，發明匣盒軟片，增加快拍機會，這種軟片比通常的軟片
增加了 25%的長度，而且價格低廉，最便宜的只有 10 美元，這在軟
片市場上可謂是一次大的開拓。

　　柯達公司享譽世界的聲譽，除以上業績之外，還跟它改良影印
機的成功分不開。20 世紀 50 年代後期，柯達就在光電照相機方面進
行了一定的研究。但在影印機市場上，有技術領先、實力強大的世
界影印機巨頭施樂和 IBM 公司與之競爭。施樂早在 1960 年就以 914
型影印機首先進入市場獲得成功。多年來施樂的影印機暢銷全球，
幾乎獨佔市場。而 IBM 公司當時也有 10%的市場佔有率，柯達是遲來
的新手，因而遇到許多巨大的難題。

　　柯達公司並沒有甘拜下風，而是以其穩健的作風作出抉擇，要
製造一種最新的產品。通過對影印機市場的調查，瞭解到用戶的興
趣在於產品的品質、快速、可靠與簡便。在對市場的需要前景進行
科學預測後，經過綜合平衡，柯達決定所生產的新產品專門為大公
司服務。柯達要奪取市場，必須使自己的新產品在技術性能方面超
過其他公司，於是制定了新產品開發的優質戰略。

　　1967 年，一名叫沙萊的人發明了一種新的文件重組回饋器，這
種裝置能自動處理一堆需要複印的原件。沙萊給各大影印公司致
函，尋求被採用的機會。施樂公司寄了一張空白表格讓他填寫，但

柯達公司卻立即委託專利律師打電話和沙萊直接洽談。當時，儘管柯達對沙萊的發明沒有馬上利用，但卻很快取得了這項發明的專利權。

　　幾年後，柯達公司影印實驗室對沙萊的文件重組回饋器進行了研究改進，柯達的工程師終於使它圓滿地運行。於是柯達影印機可以一面複印，一面裝訂。這就比其他要等複印全部完了之後才能裝訂的影印機多了令人羨慕的優越性。另外，給新產品的「必備」條件幫了大忙的還有 INTEL 公司推出的 8008 號微處理器，它使柯達影印機健全了「故障排除系統」。

　　當難題終於得到解決之後，柯達公司的 EK 影印機開始上市。這種影印機由於能一邊複印，一邊裝訂，得到了用戶的一致好評。它的多功能性，即使是老牌的施樂公司和 IBM 公司也望塵莫及。

　　可以說，開發自有的創新產品，是公司核心競爭力的關鍵之一，柯達早期的發展路程給那些擁有聰明才智的企業家們很多啟示，雖然柯達公司早期的產品是一種改進型新產品，開發也具有一定的條件難度，但畢竟也是在前人的基礎上把原來昂貴、不方便的奢侈品大眾化了。而如今照相機已經朝著更三維化的方向發展，如立體照相機、手腕照相機、錄音照相機等。因而，不斷滿足市場需求、推出適宜的新產品，是企業的生命源泉之一。

新產品的開發組織

由於新產品開發具有高度的靈活性等特徵，要求必須組織進行相應的創新，制定一些適應新產品開發的組織決策，選擇適當的組織形式，為新產品開發鋪平道路。

第一節　新產品開發組織的特點

企業需要建立相應的組織，來實現新產品開發，降低新產品開發存在的巨大風險。

1. 開發組織的工作與現有的程序化工作分離

以程序化和專業化為特徵的組織結構要求工作制度化、規範化，要求按章行事等等，這種程序化作業容易把組織內外的各種變化當作威脅，為避免影響現有工作的穩定性，而力求「以不變應萬

變」，或只對程序稍加調整來應付變化。

　　以創新為特徵的新產品開發組織則要求從變化中發現機會，主動去迎接挑戰。因此，缺乏靈活性，只按章行事的組織，不可能達到新產品開發組織不斷創新的要求。

　　新產品開發組織要求新產品開發工作與現有的程序化工作分離，單獨組織新技術開發、新產品開發等活動，儘量使它們在組織結構上、在權責上與現有的程序化工作發生較少的關聯，因為企業現行的運作方式很容易對具有創造性的新產品開發活動造成阻礙。一旦出現短期利益和長遠利益的衝突時，企業通常的反應是把資源投資在現有的業務上，這種反應必然會損害新產品開發的組織，延緩新產品開發的實施。因此，在企業中，新產品開發活動最好在結構上、業務上都與正常的生產經營活動分離。

2.開發組織具有充分的決策自主權

　　具有程序化特點的組織要求全部經營活動的各組成要素都應統一行動、協調一致，因此，各組成要素不能有較多的決策自主權，以避免出現各行其是的狀況。新產品開發作為創新工作不同於程序化工作，它無章可循，時刻都可能碰到非程序化決策，因此，需要掌握大量的資訊。

　　如果創新組織沒有決策權，就很容易使創造性人才無法發揮其創造力，更不利於企業抓住創新機會。有了決策自主權，新產品開發組織就能夠提高組織的應變能力和風險承受程度，就能夠應付新產品開發的各種不確定性，提高員工參與程度，激發員工積極性。

3.開發組織有較高的管理職權

　　新產品開發的管理職權，一般會賦予較高層次，甚至由組織的

最高層級直接負責，可以不納入一般管理組織的現有等級體系之中。這不僅是因為新產品開發關係到組織的未來，意義重大，還因為創新事業與現有事業比較，其規模、經費、收入等都無法比擬，低層級組織一般不具有可以關照創造性活動的遠見，無法給予其應有的保障。

4.新產品開發組織的績效評價注重長期的貢獻

對於從事程序化工作的職員來說，工作績效相對比較容易判斷，可以通過工作效率等來考核。但對於從事新產品開發工作的組織成員來說，其工作績效往往要到新產品市場推廣以後才能確切判斷，而從新產品開發到市場推廣需要相當長的時間，所以不能簡單地以眼前利益作為評價的基準。

第二節　新產品開發的決策層次

新產品開發組織的基本職能，就是對企業的新產品開發活動進行有效的指導和管理。

企業要合理有效地組織新產品開發，就必須對新產品開發活動的管理層次、管理職能、組織結構形式和人才構成等問題做出決策。

一、管理層次決策

在設有事業部或執行部的企業組織中，企業集團需要確定由那一個層次負責新產品開發，這就產生了層次決策問題。

從總體來看，新產品開發有三個主要的環節，即新產品開發的戰略總體規劃、特定計劃項目的選擇與管理和新產品開發的組織實施，明確這三個環節的組織決策層次對新產品開發的管理是非常重要的。

1. 新產品開發戰略規劃的層次決策

新產品開發戰略規劃的層次決策就是決定由那一層負責新產品開發的總體規劃，可以有三種選擇方案：一是把新產品開發作為公司最重要的事，由公司決策與管理，事業部不負責此項工作。二是新產品一切由事業部負責，事業部進行總體規劃，公司不管，只起控股的作用。三是新產品開發實行兩級管理的體制，總體規劃分為公司和事業部兩級，這種方案是比較常見的一種。

2. 特定的新產品項目規劃的層次決策

如果新產品開發的總體規劃是由公司或事業部單獨負責制定，那麼，特定的計畫項目也就由相應的層次予以管理。如果開發項目所涉及的是比較新的領域，那麼該項目由公司層級負責，開發成功後再組建新的事業部；如果項目需要多個事業部參與或者單獨一個事業部承受風險的經驗、能力不足，那麼該項目則應由公司層級管理。

3. 新產品開發組織實施的層次決策

企業實施新產品開發的層次有公司層級、事業部級和職能部門層級等多種形式，新產品開發組織實施的層次決策不僅與新產品的組織管理層次有關，而且與新產品開發的組織實施方式相關聯。

新產品開發組織實施的方式主要分為集中化與分散化兩種。新產品開發的分散化方式是把新產品開發分散到職能部門等較低層

次，如銷售部門；新產品開發的集中化方式則主要是設立研究所或開發部門，集中進行新產品開發研究工作，集中化的程度主要取決於新產品開發項目的性質、戰略等許多因素，最主要有以下幾個因素：

(1)新產品開發項目的獨特性

獨特性弱的新產品開發項目，一般採用分散化的開發方式，以便充分利用職能部門的人才和資源。反之，則採取集中化的開發方式。

(2)事業部之間的共性

事業部之間的共性越強，能共同利用的新產品開發資源就越多，集中化開發的可能性也就越大。

(3)事業部的實力大小

事業部的實力越強，則獨立組織實施開發的可能性就越高，集中化開發的傾向也就越低。

(4)新產品開發戰略

變革型的新產品開發戰略，往往要求新產品開發實施集中化的開發方式，以集中優勢資源、減少開發風險。而改進型的新產品開發戰略要求實施分散化的開發方式，新產品開發一般分散到職能部門等下層組織，以便改進產品和降低產品成本。

二、管理職能決策

企業內部管理新產品開發活動的層次確定以後，就需要決定在已確定的層次上，由誰具體執行組織管理的問題。

　　新產品開發的管理職能決策主要是確定新產品開發由已定組織層次的主要管理人員，還是由該層次的開發部門、營銷部門等職能部門來負責管理。具體來說，企業需要做出以下抉擇。

1. 在全面管理人員與職能部門之間的選擇

　　新產品開發的管理可以由該組織層級的最高主管負責，但由於該項工作極為複雜，涉及的範圍較廣，往往需要委託給某一職能部門。到底是由管理人員負責，或是由某一職能部門負責，應該根據以下因素來考慮：

⑴新產品開發戰略

　　如果企業採用改進產品、產品線等定位型新產品戰略，所需要冒的風險相對較小，那麼新產品開發活動的組織職能就可以委託給某一職能部門負責。如果企業採用冒險戰略或創業戰略，新產品開發活動富有較強的創造性，這時新產品開發通常由全面管理人員組織管理。

⑵開發項目的複雜程度

　　如果選定的新產品開發項目異常複雜，需要幾個部門合作時，那麼新產品開發就應由管理人員進行協調管理。

⑶職能部門的客觀評價能力

　　如果職能部門缺乏排除眾議承受壓力的能力，那麼就需要避免將組織管理的權責賦予職能部門，而應由主管人員管理。

2. 職能部門之間的選擇

　　當新產品開發的管理決定委派給職能部門時，就應考慮委派給那一個部門更合適。總體來講，進行新產品開發管理的職能部門大多是開發部門和市場營銷部門。這兩類部門往往是新產品開發活動

的觸發點。至於具體選擇那一部門，則應該考慮以下因素。

⑴**新產品獨創性的基本創新來源**

如果新產品獨創性主要來源於市場調查和預測，辟如運用消費者驅動或競爭驅動創新模式的新產品開發，那麼新產品開發一般由市場營銷部門負責組織。如果在運用技術驅動創新模式的企業中，新產品開發就主要由研究與開發部門組織。

⑵**新產品的技術與市場的匹配情況**

即使新產品的獨創性來源於實驗室，仍然需要考慮研究人員對市場需求和消費者行為的瞭解程度。如果研究與開發部門由於與市場之間存在溝通障礙，觀察能力不足時，就容易造成技術與市場需要的偏離，還是應當考慮由市場營銷部門來協助完成。

3.管理人員如何執行組織職能

如果企業已經決定組織新產品開發的職能由管理人員直接負責，就必須妥善處理好新產品開發管理與日常生產經營管理的關係。管理人員不可能直接從事新產品開發的每一項具體任務，因此需要配備助手，或者組建新產品委員會，負責諮詢指導，並在管理人員的授權下進行組織協調工作。

第三節　新產品開發的形式

新產品開發組織的特點使其新產品開發組織的形式多種多樣。一般常見的新產品開發組織有：臨時性開發小組、新產品委員會、矩陣小組、產品經理、新產品部、外部開發組織、合作開發等七種

形式。

1. 臨時性開發小組

臨時性開發小組是一種花費最少、集中度最大的組織結構形式，主要適用於新產品開發較少的企業或沒有專門的新產品開發組織的企業，指導和組織新產品開發的職能通常由最高領導人員直接掌握。

2. 新產品委員會

新產品開發委員會是一種專門的新產品開發組織形式之一，也是矩陣組織形式的一種。該委員會一般由企業最高管理層加上各主要職能部門的代表組成，是一種高層次的新產品開發的管理組織，其主要負責協調和指揮企業的新產品開發活動，擬定和評價新產品計畫，並進行相關的新產品開發決策。

⑴新產品委員會的分類

根據其主要作用，新產品委員會可以分為以下三種類型。

①決策型新產品委員會

這種新產品委員會通常負責制定新產品開發戰略，構造新產品開發組織，並進行開發項目的評估與選擇，以及進行資源配置決策等。委員會的領導人通常是委員會所在組織層次的最高管理者。

②協調型新產品委員會

這種新產品委員會主要負責處理新產品開發活動的日常協調問題。委員會成員主要來自各職能部門中的第二、三層次的人員。

③特別委員會

特別委員會是對新產品開發的某個方面進行特別管理的委員會，它可能是創新的智囊團，也可能是為解決創新過程中所遇到的

障礙而設立的。其主要職能是負責評價和篩選新產品的構思，進行新產品開發的相關諮詢，及解決開發中的各種障礙等。委員會成員主要是由專家和有關職能部門的關鍵人物組成的。

⑵新產品委員會的優缺點

新產品委員會的優點表現在：可以收集各部門的想法和意見，提高各部門的參與程度，增強部門之間的資訊溝通和協調，提高決策的民主化和科學化的程度。其缺點表現為：委員會成員之間的權責不清，委員會的工作容易受到日常工作的衝擊，難以統一各部門目標、部門利益與總體目標之間的差異，經常發生互相推諉責任的現象，決策週期也較長，因此難以做出及時、快速的反應。

3.矩陣小組

矩陣小組是新產品開發項目經常採用的一種組織形式。它通常處於較低層次，多方參與到計畫項目時選擇這一層級。矩陣小組成員來自不同的直線或職能部門，相關職能經理也可以參與小組工作。矩陣小組一般由從事實際工作且較有經驗的人員組成，專門從事委員會或其他上級委派的特別任務，如專門負責新產品的市場開發，當新產品在市場中站穩腳跟後，小組便解散，小組成員各自回歸原單位。

其優點表現在：小組成員來自直線或職能部門，他們可以帶來積極有效的工作方法，不僅有利於提高技術水準，便於知識和意見的交流，還能促進新的觀點和設想的產生，而且有利於部門之間的協調與溝通，小組成員彼此之間還能夠產生學習效果，能夠共用專業化資源。缺點主要有：由於存在多頭領導的現象，成員在工作中可能有時會感到無所適從，無法專注於工作，而影響工作責任心。

在矩陣組織中，因項目經理和職能經理的權力和責任的大小不同，而形成了各種類型的矩陣組織結構形式，主要有以下幾種。

(1)職能矩陣結構

在這種結構中，項目小組負責人的權力相對較小，主要負責小組內部的協調工作，而權力和職責主要掌握在各職能部門經理手中，這就容易造成組織的僵化，使得各部門之間的行動難以統一，工作效率也相對較低，但是這種矩陣結構能夠有效地利用人力資源。

(2)平衡矩陣組織

這種矩陣結構的特點是項目經理與職能經理實行責任共擔、權力共用。由於彼此之間權力分配比較平衡，而容易產生權力鬥爭，責任不明確，組織混亂。

(3)項目矩陣結構

這種矩陣結構的特點是項目經理對項目承擔主要的責任，並擁有較大的權力，在項目小組裏佔據主要地位，而職能經理只是負責提供項目進行所需要的各方面的工作人員。此矩陣結構職權比較明確，結構比較清晰，較受歡迎，主要適用於開發中等複雜程度的項目。

(4)項目小組結構

這種矩陣結構的特點是由項目經理從各職能部門抽調人手，並負責由各職能部門的人員所組成的項目小組的所有工作，但職能經理沒有直接參與項目小組的工作。這種矩陣結構形式由於權責明確，能較快地完成各項任務，因此組織的效率比較高。但是這種組織形式不利於繼承和積累技術，也不利於專門技術的培養，並且小組技術水準受到小組成員水準的限制。項目小組形式是一種專職小

組，比較適合複雜的新產品項目。

4.產品經理結構

產品經理結構是一種特殊的矩陣結構形式。在這種組織形式下，企業根據所實施的新產品項目的多少在產品管理經理下面設置若干個新產品經理，一個新產品經理對一個或一組新產品項目負責，包括負責新產品開發的計畫、組織、實施和控制工作，新產品的構思，制定產品目標和戰略，進行銷售預測、市場機會預測等，組織樣品開發、市場試銷和市場投放，並進行資訊反饋等。

產品經理結構是集中式的新產品開發形式，新產品經理的工作局限於他們的產品市場範圍內產品改進和產品線的擴展，提高了新產品開發工作的效率，使產品經理有更多的時間和精力從事產品線管理，使得開發新產品的功能專業化。而且，責任和權力比較明確，大幅度的提升了各部門的配合效率，各部門、人員合作也比較緊密。但產品經理結構要求企業擁有足夠的資源和實力，並容易導致資源的重覆配置，使得成本增加。產品經理結構這種組織模式主要適合於規模較大、資源比較豐富，新產品開發任務比較多的企業，尤其適合高科技企業使用。

5.新產品部

一些新產品開發較多的大中型企業，為了便於對新產品開發工作進行統籌管理，從若干職能部門抽調專人組成一個固定的、獨立性的、專門的新產品開發部門，集中處理新產品開發過程中的各種問題，辟如提出開發的目標制定市場調研計畫，篩選新產品構思，組織實施控制和協調等等。該部門的主管擁有實權並與高層管理者密切聯繫，這是新產品委員會最恰當的補充管理組織。

　　新產品部的優點表現為：權力集中，建議集中，見解獨立，能全力投入新產品的開發，避免日常工作的衝擊和隨機事件的干擾，有助於企業進行決策，並保持新產品開發工作的穩定性和管理的規劃化。但是，新產品部這一開發組織形式不僅需要支付大量的日常開支，還需要增加投資和規模，並且較難協調各職能部門之間的矛盾。

　　新產品部主要有自主型和協調型兩種類型。自主型新產品開發部類似於事業部，擁有單獨開展新產品開發活動所需要的資源調配權，或者自己組織力量創新，或者擁有總體規劃權和組織協調權，能夠避免職能部門之間的矛盾，但需要大量的投資。協調型新產品部是新產品開發矩陣小組的管理機構，企業中的一切新產品開發小組都可以暫時由其管理，其主要工作是統籌新產品開發的資源和協調矩陣小組的活動。

6. 外部開發組織

　　企業開發新產品的各種職能、任務或業務，可以委託給企業以外的專門機構去做，如科研機構、大專院校、諮詢公司等。企業自身只需制定新產品戰略，選擇特定新產品計畫項目，對開發成果進行評價、篩選和商業化，這種組織形式適用於中小企業。利用外部開發組織有以下一些優缺點。

　　優點是不僅可以避免企業內部的各種干擾，轉移開發風險，還能充分利用外部人才優勢，以彌補企業內部人才資源的不足。

　　缺點是不僅難以控制新產品開發的進度和創新水準，而且需要較高的成本、技術等，還容易使新產品資訊洩密。

7. 合作開發

如果製造企業與其上游企業（材料供應企業）或其產品的下游企業（再加工企業或銷售企業）在特定情況下，願意共同開發產品，那麼就形成另外一種特殊的新組織了。上游企業與下游企業配合是外部組織的一種特例，也是目前運用的較多的組織形式之一。例如，為了進入機械製造、汽車等領域，應用軟體發展公司與有關公司進行合作開發，使新軟體產品更符合市場的需要、更快地進入市場。另外，通過授權協議，合作雙方能夠減少重覆的開發，使新產品迅速進入市場，而且可以促進新產品的市場開拓。例如，專利技術的互相授權使用不但可以使雙方能夠互相利用對方的專利技術優勢，還可避免重覆開發，節省開發投資和開發時間，加快新產品的市場投放。

第四節　新產品開發的具體組織形式

隨著企業的產生和發展及領導體制的演變，組織結構形式也經歷了一個發展變化的過程。企業組織結構主要的形式有：直線制、職能部門化、事業部制、矩陣結構等。

1. 直線制

直線制是一種最早期也是最簡單的組織形式。其特點是企業各級行政單位從上到下實行垂直領導，下屬部門只接受一個上級的指令，各級主管負責人對所屬單位的一切問題負責，不另設職能機構，一切管理職能都由行政主管自己執行。其結構如圖 4-4-1 所示。

直線制組織結構的優點是：結構比較簡單，責任分明，命令統

一。缺點是：它要求行政負責人通曉多種知識和技能，親自處理各種業務。因此，直線制只適用於規模較小的企業，而不適用於規模比較大的企業。

圖 4-4-1　直線制組織結構圖

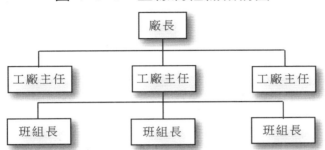

2. 職能部門化

職能部門化是根據業務活動的相似性來設立管理部門，如圖 4-4-2 所示。職能部門化是一種傳統的普遍組織形式。這首先是由於職能是劃分活動類型、從而設立部門的最自然、最方便、最符合邏輯的標準，因此進行的分工和設計的組織結構可以帶來專業化分工的各種好處，例如有利於工作人員的培訓、相互交流等。

其局限性主要表現在：由於各種產品的原料採購、生產製造、銷售都集中在相同的部門進行，各種產品給企業帶來的貢獻不易區別，因此不利於指導企業進行產品結構的調整；由於活動和業務的性質不同，各職能部門可能只注重依據自己的準則來行動，因此，可能使本來相互依存的部門之間的活動變得不協調，從而影響組織整體目標的實現。

圖 4-4-2　職能部門化組織結構圖

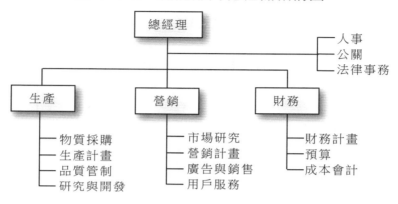

3.事業部制

　　事業部制最早是由美國通用汽車公司總裁斯隆（A. P. Jr. Sloan）於 1924 年提出的。它是一種高度（層）集權下的分權管理體制，如圖 4-4-3 所示。

圖 4-4-3　事業部制組織結構圖

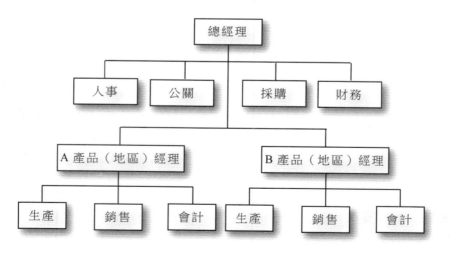

　　其適用於規模龐大、品種繁多、技術複雜的大型企業，是國外較大的聯合公司所採用的一種組織形式。近幾年這種組織結構形式也被一些大型企業集團或公司所引進。事業部制是分級管理、分級核算、自負盈虧的一種形式，即一個公司按地區或按產品類別分成若干個事業部，從產品的設計、原材料採購、成本核算，產品製造，一直到產品銷售，都由事業部及所屬工廠負責，實行單獨核算，獨立經營，公司總部只保留人事決策、財務控制和監督大權，並通過利潤等指標對事業部進行控制。其組織結構形式具有下述優勢。

⑴能使企業將多元化經營和專業化經營結合起來

　　其多元化的特點有利於減少風險，專業化特點則有利於提高生產率，降低成本。

⑵有利於企業及時調整生產方向

　　其部門化的特點易於比較不同產品對企業的貢獻，還有利於企業及時收縮或擴大某種產品的生產，致使整個企業的產品結構更加合理。

⑶有利於促進企業的內部競爭

　　由於各部門貢獻容易辨認，可能導致部門間的良性競爭。

⑷有利於高層管理人才的培養

　　該組織結構形式還有利於培養每個部門經理的能力。

　　其局限性表現為：對部門經理的能力要求比較高；由於部門與總部出現機構重疊，而導致費用增加；由於每個部門的主管可能過分強調本單位利益，而影響到企業的統一指揮。

4.矩陣組織

　　矩陣組織是綜合利用各種標準的一個範例，既有按職能劃分的

垂直領導系統，又有按產品（項目）劃分的橫向領導關係的結構，
如圖 4-4-5 所示。其特點表現在圍繞某項專門任務成立跨職能部門
的專門機構，例如組成一個專門的產品（項目）小組去從事新產品
開發工作，在研究、設計、試驗、製造各個不同階段，由有關部門
派人參加。這種組織結構形式是固定的，人員卻是變動的，需要誰，
誰就來，任務完成後就可以離開。項目小組和負責人也是臨時組織
和委任的，任務完成後就解散，有關人員回原單位工作。因此，這
種組織結構非常適用於橫向協作和攻關項目。

圖 4-4-5　矩陣組織結構圖

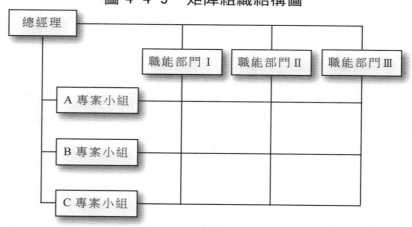

矩陣結構的優點是：

①機動、靈活，可隨項目的開發與結束進行組織或解散；

②由於這種結構是根據項目進行組織的，任務清楚，目的明確，
各方面有專長的人都是有備而來的，因此在新的工作小組裏，能有
效溝通、較快融合、願意為攻克難關解決問題而獻計獻策；

③它還加強了不同部門之間的配合和資訊交流。

矩陣結構的缺點是：

①項目負責人的責任大於權力，由於參加項目的成員都來自不同部門，隸屬關係仍在原單位，只是為「會戰」而來，因此項目負責人對他們管理困難，沒有足夠的激勵手段與懲治手段；

②人員上的多頭管理是矩陣制的先天缺陷；

③由於項目組成人員來自各個職能部門，當任務完成後，仍要回原單位，因而容易產生臨時觀念，無法專注於工作。

心得欄 ------------------------------

第 **5** 章

新產品開發的流程

在新產品開發戰役中，唯一的目標就是求得勝利。如何用最短的時間成功地將產品推進市場，閃電攻擊，已日漸成為新產品致勝的關鍵。

第一節　新產品的開發流程

新產品開發活動起源於產品的創意，新產品的創意有著不同的來源，技術推動和市場拉動都為新產品開發提供了動力，因而有必要對新產品的概念進行界定，並認識到不同類型的新產品項目適合採用不同形式的新產品開發流程。

新產品開發過程，是在企業層面戰略指導下，將新產品創意通過一系列開發、預測和控制程序轉化為最終的作為行銷計畫的一系

列流程，其關心的是在新產品成功地轉化為市場上的產品的過程中，企業所必須展開的全部活動。

按照起源於 20 世紀 50 年代的技術推動模型，產品開發過程是線性的，受到科學發現的推動，然後是研究與開發、工程與製造，最後成為市場上的產品。但後來的新產品開發實證研究對這種方法的可靠性提出了質疑。事實上，不少研究都揭示市場扮演著更重要的角色。隨後，市場拉動模型誕生了，識別真正的市場需求成為產品開發努力的起點。

一些研究也指出，針對沒有被滿足的顧客需求而反應的、由市場拉動而生成的新產品概念，相較於技術推動的新產品概念，更有可能最終成為被開發成功的產品。不過，後來的研究發現，對於產品開發獲得成功更為重要的，是合理地平衡市場行銷與技術因素。

一、不同視角的新產品開發流程

為了更好地認識新產品開發活動，抓住本質，有必要基於不同的視角來對新產品開發的過程進行審視。

1. 基於產品形態視角的新產品開發過程

從新產品形態的角度來看，隨著新產品開發項目的進展，產品形態也逐漸由抽象轉為具體。在整個新產品的開發過程中，產品形態從創意開始，分別經歷了概念產品、產品原型、實體產品，最終形成一個完整的行銷計畫。在產品形態對應的每個階段，開發人員都要進行相應的問題診斷、調查、設計、評價、決策、實施和監督活動，與此同時進行的還有市場機會預測、銷售預測和財務預測，

預測活動要和新產品開發活動緊密結合起來。

(1)**產品創意(idea)**

創意是新產品開發過程中最抽象的形式，它是企業預想提供給市場的一個可能的產品設想，並以書面或口頭的描述性文字來表達的產品形態。產品創意的來源很多，其中顧客的需求是創意的最主要來源，尤其是顧客在具體產品使用過程中，著眼於自身的需求而對產品提出的改進意見，更對新產品創意有重大的影響，大量工業產品的新創意正是起源於用戶。此外競爭對手和企業高層管理者也都是產品創意的主要來源。

圖 5-1-1　基於產品形態的新產品開發過程

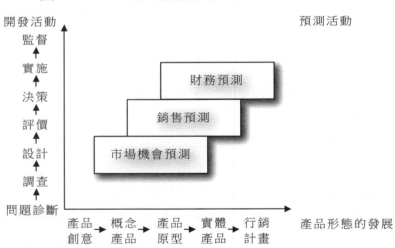

(2)**概念產品(concept)**

概念產品是從消費者利益和使用的角度來表達的詳細的產品構思，是一種概念上的模型。概念產品雖然仍是一種抽象的產品形態，但其表述的內容卻是具體的，因此更易於新產品開發團隊對其審查

和操作。概念產品的開發也需要不斷地修改重覆。

⑶產品原型(prototype)

將抽象的產品概念實體化，所得到的即是產品原型。產品原型可以看作是最終實體產品的初始形式，同樣需要多次重覆塑型才能達成。產品原型可以和最終產品等比例大小，也可以是為了說明或操作方便，按比例縮小的模型。而一些如飛機等大型產品，出於時間和成本的考慮，也可以通過電腦輔助設計軟體製作出虛擬實體原型，以利於後續的測試。

⑷實體產品(product)

通過反覆的測試、核對總和改進而最終製造出的實體產品，實現了新產品的核心概念，市場的利益相關者可以從實體產品中獲得各自的利益。實體產品是行銷計畫的核心。

⑸行銷計畫(marketing plan)

行銷計畫是產品的最終形態，圍繞著實體產品，企業要制訂出依附於其的定價、銷售通路和促銷等各方面的計畫，與顧客形成全方位的接觸，並在接觸過程中，向顧客讓渡價值及活動最終的收益。

2.基於活動視角的新產品開發過程

從基於活動的視角來看，新產品開發過程可以細化為很多活動，Cooper 和 Kleinschmidt 就把新產品開發分解成了下列連續進行的活動。

⑴初始審核活動

最初的、關於是否分配給提出的新產品創意以資金的決定。

· 決策小組基於評估表格和評價標準列表的、所使用的一致的評估程式和明晰的評價體系。

⑵初步的市場評估活動

初始的、非嚴格的市場評估，對市場進行快速的審視。

・ 直接與顧客進行接觸

・ 和銷售隊伍進行討論

・ 審視競爭者的產品

・ 查閱出版物等二手資料

⑶初步的技術評估活動

對技術優勢和項目技術難度進行的初始的評估。

・ 能力、可行性分析

・ 工程技術評估

・ 產品規格

・ 產品設計和模型開發

⑷詳細的市場調查活動

大樣本的、正式設計的和採用一致的數據收集程式的市場調查活動。

・ 對競爭性產品及其定價的研究

・ 對顧客對新產品需求的研究

・ 確定市場規模的研究

⑸實體產品開發

產品的實際開發和設計，產生產品原型(prototype)或是樣品(sample product)。

⑹內部產品測試

在實驗室(in-house)或是控制條件下進行產品測試。

・ 原型測試(prototype testing)，確定產品的功能是否正確

可靠

- 操作測試(operating testing)，檢查真實工作環境中產品的功能發揮和可靠性
- 規格檢查(specifications check)，檢查產品是否符合產品規格描述和標準

⑺產品的顧客測試

在真實環境中(real-life condition)由顧客對產品測試。

⑻市場測試與試銷

針對測試顧客進行試驗性銷售。

- 對一組樣本顧客進行試銷
- 在某個區域內進行試銷

⑼試生產

通過試生產來測試生產設施。

- 生產系統測試
- 對生產系統交付的產品進行整體測試

⑽商業化前的財務分析

在實體產品開發之後全面投放之前的財務分析。

- 包括針對收益和獲利性的、細緻的財務分析
- 對行銷資訊的整合審查，以預測銷售狀況和行銷成本
- 成本分析，對生產、分銷等成本進行評估

⑾生產啟動

開始全面的商業化生產(commercial production)。

⑿市場投放

全面投放新產品，圍繞產品制訂一系列行銷計畫。

‧行業展會、投放廣告、銷售隊伍促銷以及顧客研討會

同時，他們還指出，合理控制的新產品開發流程，本身就是新產品項目成功的關鍵因素。企業在保證所有活動高品質完成的基礎上，應該對市場調查、初始項目審核和初步市場評估等活動投入更多的注意。

3.基於職能部門視角的新產品開發過程

從基於職能部門的視角來看，在新產品開發項目中，不同的職能部門要負責一系列相應的活動，而新產品開發流程把這些不同部門完成的活動整合在一起，並進行有效的銜接。從整合流程這一視角來考察，技術開發和市場開發是最為重要的兩個方面，需要企業具備一定技術和市場行銷方面的技能和資源，同時要輔以到位的市場調查活動作為支持。企業的技術部門和行銷部門要緊密合作，分別負責相應的活動。

技術部門要進行針對技術可行性的初始概念審查、產品實體開發、產品原型構造和測試、試生產和全面生產等活動，這需要技術部門充分認識技術機會，並對研發活動進行妥當的管理，也需要企業給予其充足的開發成本。

市場行銷部門則要負責市場審查、分銷和廣告等方面的活動，並進行充分的市場調查活動，或是和外部的市場調查諮詢公司合作做好相應的工作，以便為企業的一系列新產品開發決策提供依據，如圖 5-1-2 所示。

圖 5-1-2　基於部門視角的新產品開發過程

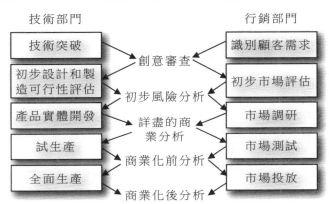

4.基於決策視角的新產品開發過程

基於決策視角的新產品開發過程,把開發過程分解成許多相關決策,以便利用現有信息進行決策,從而通過決策點的繼續/放棄決策(Go/Kill decision)來減少開發過程中的不確定性。該方法的有效性在很大程度上取決於項目經理以前的經驗和他們承擔風險的能力。表 5-1-1 列出了一些新產品開發活動中的相關決策。

表 5-1-1 表明了「在從創意生成到最終行銷計畫的制訂過程中,每個決策點的相應特點」。需要注意的是:市場環境和企業內部的變革,也會引起相應的新產品開發決策問題。因此,詳細的新產品開發決策列表,有助於新產品開發團隊控制新產品開發過程。

表 5-1-1　基於決策視角的新產品開發過程

新產品決策問題	研究問題	新產品決策
這項新產品應當被開發嗎	・新產品有戰略需要嗎 ・定義一項成功的新產品的標準是什麼 ・新產品的市場機會如何	・上馬：市場新產品開發過程 ・修正：繼續識別/評價機會 ・時機：加快/減慢/保持 ・下馬：結束
應發展那一種新產品創意	・有那些可供選擇的新產品創意來滿足已識別的市場機會 ・市場利益相關者對這些新產品創意反映如何 ・各種創意如何根據有關標準進行評價	・上馬：選擇一組有希望的新創意 ・修正：繼續生產/評價新想法 ・時機：加速/減慢/保持 ・下馬：重新檢查步驟/結束
應發展那一種新產品概念	・有那些可供選擇的新產品概念補充新產品創意 ・市場和其他利益相關者對這個新產品概念反映如何 ・如何根據有關標準評價這些概念	・上馬：選擇一組有希望的新概念 ・修正：繼續生產/評價新概念 ・時機：加速/減慢/保持 ・下馬：重新檢查步驟/結束
應將那些特點設計進新產品原型中	・有那些可供選擇的設計特點能把選定的新產品概念用於原型 ・市場和其他利益相關者對新產品原型作出何種反應 ・如何根據有關標準評價原型	・上馬：從原型中選擇一些主要特性 ・修正：繼續完善原型 ・時機：加速/減慢/保持 ・下馬：重新檢查步驟/結束
新產品最終設計應該如何	・有那些可供選擇的產品設計利用了新產品概念 ・市場及其他利益相關者對產品反映如何 ・如何根據有關標準評價產品	・上馬：選擇最終的新產品設計 ・修正：繼續完善產品設計 ・時機：加速，減慢/保持 ・下馬：重新檢查步驟/結束

續表

新產品 決策問題	研究問題	新產品決策
新產品的 行銷計畫 決策應該 是什麼	・有那些可供選擇的行銷決策 ・市場和其他利益相關者對新的 　行銷計畫反映如何 ・如何根據有關標準評價行銷計 　畫	・上馬：選擇最終的新產品行銷計 　畫 ・修正：繼續完善行銷計畫 ・時機：加速/減慢/保持 ・下馬：重新檢查步驟/結束
應當在什 麼時間投 放新產品	・有那些影響時機選擇的相關環 　境條件 ・對新產品進入有那些預計的競 　爭性反映 ・新產品預期的市場/銷售增長方 　式是什麼	・上馬：在時間上投放 ・修正：繼續完善行銷計畫 ・時機：加速/減慢/保持 ・下馬：市場機會已經發生很大變 　化——重新檢查步驟/結束
新產品投 放市場 後，新產品 計畫應作 出什麼變 化，如果有 的話	・市場及其他利益相關者對新產 　品反映如何 ・新產品及其行銷計畫應如何修 　正以改進市場反應 ・如何根據有關標準跟蹤新產品 　行銷計畫	・上馬：按照計畫繼續投放新產品 ・修正：修正和完善行銷計畫的有 　關方面 ・下馬：市場機會已經發生很大變 　化——重新檢查步驟/結束

二、不同形式的新產品開發流程

　　不同視角下的新產品開發過程，可以幫助人們很好地理解新產品開發活動的各個側面，但作為一種管理工具來看則稍顯單薄。如基於活動的新產品開發過程注重線性推進，會增長開發週期；基於部門的新產品開發過程，由於部門的分割，可能造成開發目標難以

達成一致，跨職能的溝通和整合也會遇到很大阻礙；基於決策的新產品開發過程，則沒有體現對項目具體活動執行品質的要求和該項目與組織中其他新產品開發項目的聯繫。

因此，發展出更具有可操作性的新產品開發流程體系，應綜合上述不同的視角，進而有效地指導新產品開發活動不斷向成功前進。這些系統方法如階段-門體系(Stage-Gate Process)、並行工程和品質功能展開。它們著眼於不同層次，有著一定的差別，比如階段-門體系和品質功能展開更加著眼於全局，但品質功能展開更多體現為一種新產品開發工具，而並行工程則更多表現為一種開發流程設計。

1. 順序式新產品開發流程

這一種流程是 Booz 等人在 1968 年引入的、基於活動的六階段產品開發過程，很具有代表性。在企業新產品戰略確定之後，新產品開發項目接著要完成創意生成、概念篩選和評價、商業分析、實體開發、測試以及商業化六個階段。順序式新產品開發過程是循序漸進的，而每一個特定的活動，如產品概念發展、產品原型改進等卻又是重覆的，這能夠確保每一個步驟的執行品質，進而降低項目面臨的不確定性。順序式新產品開發流程代表了企業進行新產品開發時的普遍情況。尤其是全新產品的開發，出於降低市場和技術不確定性的需要，更適宜於採用這種流程體系。順序式新產品開發流程也是需要掌握的重點內容。

2. 重疊式新產品開發流程

如果順序式新產品流程的設計品質較差，則會出現兩個突出的問題：一是在活動轉換過程中會出現脫節現象，前一個階段所積累

的知識也可能隨著工作的轉交而發生遺失；二是由於順序進行且每個活動可能多次重覆，這可能會使產品的開發週期較長。

解決第一個問題的辦法是，由跨職能的項目小組來全面負責開發工作。在這個基礎上，採用品質功能展開則會取得更好的結果，品質功能展開在不同矩陣轉化處的流程相互重疊，使得上一個階段的成果得以有效傳承。品質功能展開，尤其是在企業進行產品改進和產品線延伸等創新性較低的新產品開發項目中，更適宜於被採用。

為了解決第二個問題，可以採用比交叉式重疊更進一步的並行工程方法。並行工程更多體現為一種開發方式，是新產品開發過程、製造活動和其他支援活動的綜合化，著眼於各階段同時、交叉進行的一種系統方法。並行工程方法在項目的初始階段，就將創意生成到商業化階段的所有活動進行了並行推進的規劃。並行工程也較為適合所面臨的市場和技術不確定性均較低的低創新性產品的開發。

3.混亂式新產品開發流程

很多企業並不是先編制好產品創新大綱，然後按著既定的步驟一步一步實施新產品開發，而是在創意生成之後隨即進入實體開發階段。雖然整個過程顯得雜亂無章，但有時也會在市場上取得巨大成功。混亂的流程並不一定等同於糟糕，在這種情況下，突破性的創意和解決方案更容易生成，因為直接跳過評估等階段，使得一些突破性創意轉化為最終產品的阻力變小，而這些突破性的解決方案一旦與顧客的潛在需求相符合，則會碰撞出巨大的市場火花。

混亂式的新產品開發流程並不適合大部份新產品的開發，而更適宜於那些強調市場進入速度的、重大突破創新型新產品項目。

第二節　新產品開發的速度

　　在新產品開發戰役中，唯一的目標就是求得勝利，也就是持續不斷地推出獲利率高且成功的新產品。閃電攻擊——縝密地計畫，然後迅速地實行——已日漸成為致勝的關鍵。速度是新的競爭武器，加快產品行銷計畫的實行速度，以掌握市場上的機會十分重要。如何用最短的時間成功地將產品推進市場，以下是縮短新產品上市時間所帶來的利益：

　　⑴快速產生競爭優勢：比其他競爭者更快地回應消費者需求與市場上的變化，並以新產品擊退競爭對手，通常是致勝關鍵。然而，「欲速則不達」的例子也層出不窮。一項產品即便很快上市，但若市場反應不佳，也是枉然。

　　⑵快速度產生高獲利率：企業將能較早得到由產品銷售所產生的收入。（貨幣有其時間價值！今日收入的一塊錢，價值大於未來的一塊錢！）由於機會固定，產品的生命週期有限，因此產品上市愈快，所帶來的收入愈高。

　　⑶快速度降低意外發生：新產品上市越快，在上市前對市場所做的推論越可能維持其正確性，所發展的新產品也越能符合市場的需求。縮短上市籌畫時間，可以減低產品發展期間市場遽變的可能性。

一、加快開發速度，縮短開發時間

新產品開發有其迫切性，必須縮短開發時間。下列方法不但與健全的管理實務契合，可以增進產品成功的機會，更縮短產品上市所需的時間。

1. 一次就做好

在開發在項目中，每一階段都在強調執行品質的重要性。節省時間最好的方法是避免重做。良好的執行品質不但提供較好的結果，也可以縮短產品開發所需的時間。

2. 堅持前置作業的必要性，要求及早、精確的產品定義

根據事實（而非臆測或道聽途說），執行前置作業，及早確定產品方案定義，將有助於節省以下階段所需的時間：縮短回頭尋找數據或重新定義產品的時間，且有了明確的目標市場得以全力出擊。在新產品方案調查中，最浪費時間的是缺乏精確的產品定義，它會造成不斷地變更產品規格與目標。

3. 納入消費者的意見

從產品的開始階段到真正上市，不斷地將顧客意見列入考慮，將有助於縮短上市所需時間，並非只是增長前置作業。這些行動能確保產品正中目標、符合顧客需求、在使用上不出差錯，並有適當的上市計畫。

4. 使用「平行式」的流程

接力賽型、順序式的產品開發方式已老舊落伍。隨著方案的時間壓力愈為迫切，及對完整且高品質的開發流程的需求，橄欖球（或

平行式）的流程因而崛起。在平行式的流程策略中，活動是同時進行的，因此在同一時間內有較多活動需要完成。這種新產品開發流程，必須讓跨部門且來自不同單位的行銷、研發、製造、工程等人員同舟共濟，共同完成任務。相對於傳統順序式的流程，這種平行式的策略確實複雜很多，因此須有較嚴謹的紀律。

5.排定優先順序並集中火力

拖垮產品方案的最佳方法是將有限的資源與人力浪費在太多的方案上。如果能將資源集中在真正有潛力的方案上，不但方案成效較佳，所需時間也比較短。然而集中火力絕非易事：這代表你必須攔腰截斷某些方案，有時甚至中止某些亦具成功可能性的方案。這絕對需要極佳的決策能力以及適當的過關/淘汰決策標準。

6.組織跨部門的團隊並賦予權力

多功能跨部門的團隊對縮短開發時間極為重要。彼得斯指出，「如果仔細分析表現不佳的方案，一定會發現 75%的失敗方案都是因為公文上上下下地提呈、等待、核准，而延遲決策的制訂。」而且一般的方案小組都是這樣：像接力賽一般，每個部門在接棒後努力跑完屬於他的部份，並交給下一接棒人後拍手了事。

二、合理地強調速度的重要性

速度是競爭的新武器。根據學者研究，縮短上市前置作業時間對企業有三大好處：

1.先佔先贏

這點幾乎眾所週知，然而事實往往與之相衝突。克勞佛指出，

除非市場跟隨者推出的產品極為相似，否則很難當下認定「先佔先贏」。

　　調查顯示，「先佔」雖有利益，但差距不是很大。相對於第二或第三進入市場的產品，最先進市場者雖有較高的成功率與利潤，但相差極小（見圖 5-2-1）。此外，雖然速度與新產品獲利能力有關，但影響並不是絕對的。

圖 5-2-1　進入市場之順序對成功率及獲利之影響

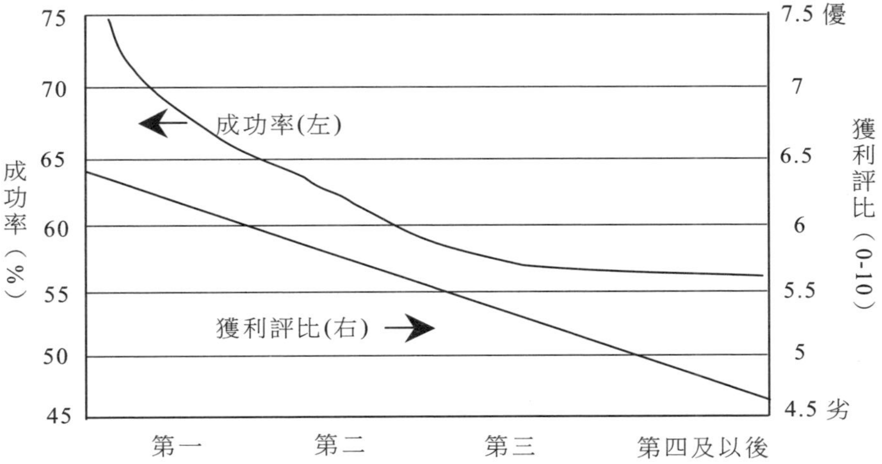

2.時間就是金錢

　　分析上市速度對獲利力的影響，可以發現速度確實具有驚人的影響力。理由是：首先，金錢具有時間價值（time value）。因此，就算產品上市時間「只」晚一年，對獲利力卻造成極大影響。其次，許多產品有上市的最佳時機（有限且經常短暫的產品生命週期）。隨著時間的拖延，無疑會損失原本可能為公司帶來的收入。

　　圖 5-2-2 中為一份經常被引用的麥肯錫（Mckinsey）報告，指

出上市時間在整個產品生命中對獲利力的影響。

圖 5-2-2　產品生命週期利潤敏感度分析

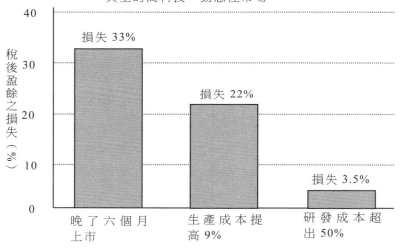

假設市場成長率為 20%
每年價格削減 12%
生命週期 5 年
典型的高科技、動態性市場

· 上市時間延遲六個月，獲利力折損三分之一。

· 生產成本提高（較預期高出 9%），獲利力因而降低 22%。

· 在發展階段如果成本比預算高出 50%，對獲利力將不會造成
　太大影響。

　另一項調查則指出，某一款式的新車上市時間縮短 20%，能為該
公司多帶進高達 3 億 5000 萬美元的淨利潤。

　以上這些調查結論可能有些言過其實。如克勞佛所說，麥肯錫
的數據也許無法真正反映事實。此外，這些數字並不尋常，代表的
是極不穩定的市場狀況（前提為市場的年成長率為 20%；每年減價達

12%，而產品壽命只有五年）。因此，過份強調速度的危險性也要重視。我們對較常見的市場狀況所做的速度/利潤分析，也顯示速度影響力並不如先前報告中那麼大。在許多模擬的例子中，獲利力（或報酬率）以發展時間延長之平方根的比例減少（例如，若產品時間延長四倍，則獲利力大約減半）。

3.速度意味著對市場回應較快，且減少意外

市場的多變與競爭的激烈，對能迅速應變的公司有利。發展速度較快的公司，如日本豐田與美國的克萊斯勒（新車開發速度平均為三年），比傳統需花七年才能開發出一部新車的通用汽車或賓士，在市場上顯然較佔優勢——試想七年內汽車市場可能產生的變化。另外一份報告顯示，美國的某些產業中，產品壽命只有兩年；這種加速產品折舊的情況，顯示成功產品的壽命非常短，因此企業對產品創新速度的要求更加迫切。但並不是所有產業的產品壽命都如此短，事實上只有極少數的產業才有如此短的產品壽命。

企業界在縮短產品開發週期上所訂的目標值得贊許。過去五年內，絕大多數的企業都縮短了產品開發週期，而且平均幅度達三分之一。因此，速度只是中期目標，只是達成目的的方法。最終目標當然還是持續不斷地開發出成功的新產品。產品開發管理協會的產業最佳實務研究調查中發現，表現最佳的企業比一般企業在新產品開發上需時較長——這可能也反映了它的產品方案較具挑戰性。此外，許多公司為減低上市所需時間，反而讓公司花大錢——他們雖達成中期目標（讓產品及早上市），但在長遠的獲利力目標上卻還是失敗。以下是一些在實務上應避免的做法：

⑴縮短新產品方案的早期階段，即前置作業與市場調查，以免

到最後才發現產品發展並不符合消費者需求，或項目本身自始即「先天不良」。

⑵藉由縮短顧客測試階段讓產品及早上市，結果卻在上市後發現產品品質有問題——這將失去消費者的信賴，而且產生不必要的產品保證與服務的費用。

⑶「只挑軟柿子吃」：在選擇產品方案時，只挑產品線延伸及小幅度改良等產品方案，這種做法最後將因沒有具代表性的新產品而失去長期的競爭優勢，並付出慘痛的代價。在縮短產品開發時間時千萬小心：有許多用以縮短開發時間的方法，事實上只會造成反效果，且因為它們通常都沒有健全的管理實務，企業經常因此付出極高的成本。尋求快捷方式用意雖佳，但下場經常極為淒慘：省其不當省，不但造成方案的延遲，並且還會形成較高的成本，導至產品的失敗。

因此，速度必須與正確完整的計畫管理相輔相成，不應為搶佔市場而草率上市。

在上百個成功與失敗的新產品開發案例中，速度與獲利率之間的確有極強的相關性，但絕非速度愈快就能保證獲利率愈高。

許多例子顯示，為了省一點時間反而產生了反效果，甚至完全犧牲了新產品所應帶來的利潤。所以，新產品上市負責單位為搶時間早先上市，而草率實行其計畫，絕對不值得推廣。速度必須與完善的計畫管理相輔相成。簡言之，速度快固然重要，但這只是諸多新產品開發成功要素的其中之一環。

第三節　新產品開發活動的進程

新產品開發流程代表了新產品開發的階段、相應的活動以及推動項目前進的決策評價標準。不同企業的新產品規範程度不一，正式的新產品開發流程是新產品開發項目取得成功的有力保障。

管理人員必須與一些高績效企業進行標杆管理，以便完善新產品開發流程，並在此基礎上，採取一些必要的控制手段，以便保證新產品開發流程的有效實施。

失敗的新產品開發流程的症狀有很多，比如設計的不斷變更、較低的利潤空間、過高的開發週期成本和研發預算超支、創新性較低的成品等，這些都可歸咎於新產品開發控制進程的不利。新產品開發主要是研發能力和市場行銷能力在項目管理能力作用下的結合，在制定行銷計畫、執行市場調查和實體開發活動這三個方面中，實體開發活動往往會出現一些偏差致使最後的實體產品和概念產品相差甚遠，影響項目的績效。

因此新產品開發團隊要綜合考慮開發任務的複雜程度、失誤可能造成的成本損失、競爭壓力、產品成本的壓力和開發週期等幾個因素來選擇合適的系統性控制方法。

主要的控制方法有事件一覽表、甘特圖、哈里斯全面行銷系統和計畫評審技術等。

⑴**事件一覽表**

事件一覽表主要用於防範開發活動的遺漏，它規定了新產品開

發流程每階段的產出結果,並對各階段的活動進行羅列。缺點在於時間順序和控制用的中間環節在事件一覽表中不能得到體現。

⑵甘特圖

甘特圖是一種帶有橫向的時間座標和縱向的活動座標表示的條塊圖。每個條塊都表示每個時段中計畫和實際的產出,它直觀地提醒了新產品開發人員在何時應該啟動那項活動,並對與實際進程之間的差異進行比較。

圖 5-3-1　第三代新產品開發流程中的甘特圖運用

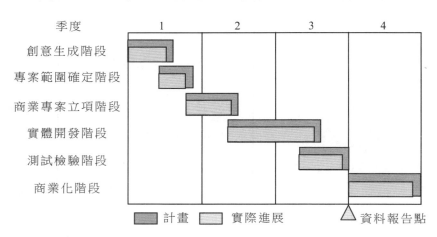

如在圖 5-3-1 中,以季度為時間單位,新產品開發流程的各階段按照順序依次排列下來。在圖中較粗的框條表示各階段計畫開始和結束的時間,而較細的框條則表示各階段活動實際的進展。在本例中,測試檢驗階段的進度大致落後了一個月,管理人員和新產品開發團隊需要採取一些行動來彌補落後的進度,否則可以預計新產品開發的總體活動要比計畫推遲一個月才能結束。

⑶哈里斯全面行銷系統

　　哈里斯全面行銷系統向新產品開發團隊描述了從新產品戰略規劃到商業化階段過程中一系列的關鍵事件、主要活動區間的順序和重要的產出。

圖 5-3-2 　哈里斯全面行銷系統

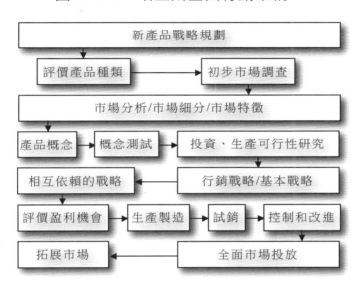

　　圖 5-3-2 描述了哈里斯全面行銷系統的一個路線圖，這張路線圖強調了新產品開發活動始於審慎的新產品戰略規劃，描述了經過初步市場調查、形成行銷戰略、試銷等活動最終實現新產品市場投放的新產品開發活動的一系列流程，給出了新產品開發活動的整體框架，通過這個系統可以使新產品開發團隊和企業其他職能部門瞭解新產品開發活動的全景，以此建立起更好的協調機制，管理人員則可以據此進行監督。哈里斯全面行銷系統的缺點在於缺乏精確的排序，難以表述活動的日程安排，因此不適合作為進一步細化到每

日的控制工具,而只適合於大體上對開發進度粗略的審查監督。

⑷計畫評審技術

計畫評審技術(the program evaluation and review technique,PERT)在數據可獲性和可靠性較高時,更適用於新產品開發這類複雜項目的進度計畫與控制。計畫評審技術運用如圖 5-3-3 所示的 PERT 網路圖描述了項目活動的時間和順序,有時還可以加入相應的成本數據。管理人員明確那些活動需要完成,決定每個活動之間的相互依賴關係,並識別潛在的問題點是繪製 PERT 網路圖的前提。

圖 5-3-3　新產品開發中的 PERT 網路圖

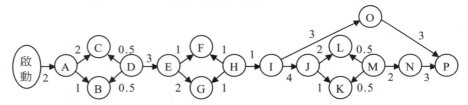

PERT 網路圖中有四個基本概念:

①事件,它以節點表示,代表了主要活動的完成;

②活動,表示一個事件到另一個事件之間的進展以及花費的時間和耗費的資源;

③鬆弛時間,指單個活動不影響整個項目進度前提下可能被推遲完成的最大時間;

④關鍵路徑,是指 PERT 網路圖中佔用時間最長的一系列相互連接的時間,關鍵路徑上的鬆弛時間為零,路徑上任何活動的推遲都會對整個項目造成影響。PERT 網路圖表明瞭關鍵的活動以及控制因素,直觀地強調了管理控制的重點。

表 5-3-1　新產品開發活動列表

事件	完成的活動	期望時間	之前事件
A	生成創意	2	—
B	初步技術分析	1	A
C	初步商業機會分析	2	A
D	初步財務分析	0.5	B，C
E	傾聽客戶需求	3	D
F	競爭分析	1	E
G	概念測試	2	E
H	具體商業和財務分析	1	F，G
I	制定商業項目計畫	1	H
J	實體開發	4	I
K	α 測試	1	J
L	β 測試	2	J
M	改進	0.5	L，K
N	小規模生產	2	M
O	制定行銷計畫	3	I
P	商業化	3	O，N

　　如表 5-3-1 所示總耗時最長的一條路徑為 A→C→D→E→G→H→I→J→L→M→N→P，這條路徑就是整個新產品開發過程中的關鍵路徑，管理人員要加強這條路徑上活動的控制和管理，保證對這條路徑上各項活動所需資源的優先供應，避免整體項目進度上的延誤。

新產品開發中往往存在一些未知的因素和難以預料的變化，這就需要控制者和項目實施人員進行充分的信息交流和溝通，並避免控制系統中的官僚主義，要注意保持一定的靈活性，認識到控制系統的監督控制能力和範圍是有限的。

第四節　案例：IDEO 的新產品開發流程

IDEO 在過去十幾年中成功地為其工業客戶設計出了從電腦滑鼠到運動手錶的一系列產品，是 20 世紀 90 年代中期以後獲得工業設計傑出獎(Industrial Design Excellence Awards)數量最多的、世界上最為頂尖的產品設計公司。

IDEO 公司的成功得益於兩個方面，一方面是公司獨特的創新文化，另一方面則是其系統的新產品開發流程。其中，對產品原型的充分運用，是 IDEO 設計流程的核心，而腦力激盪則是指導新產品開發最為關鍵的系統方法，這兩個方面一同為 IDEO 快速的產品開發提供了有力保障。在組織腦力激盪這種群力決策的研討中，公司遵循著以下幾個原則：

- · 圍繞議題的中心；
- · 鼓勵大膽的創意；
- · 避免那些打斷了創意生成的過早的評價判斷；
- · 在他人的創意上進一步發揮；
- · 在同一時段內只針對問題的某一個側面進行討論；
- · 強調生成創意的數量並儘量將創意視覺化。

在著眼於產品原型和腦力激盪的基礎上，IDEO 公司的新產品開發流程有著以下幾個階段。

1. 階段 1（理解／觀察）

新產品開發團隊試圖理解工業客戶的業務，並將置身於該業務之內積極尋找可行性的產品方案，這包括記錄下所有計劃的產品和潛在的使用者。隨著這個階段的結束，新產品開發團隊成員會把承載著對市場和用戶重大發現的視覺化圖表用圖釘釘在項目中心的牆壁上。

2. 階段 2（視覺化／真實化）

在這個階段，基於創意、技術和對市場的感知，新產品開發團隊成員確定一個新產品開發方向。通過和客戶緊密地協調，開發團隊會製作出大致的三維產品模型並指明如何實施製造戰略。

3. 階段 3（評估／精煉）

新產品開發團隊通過對功能性產品原型的測試來改善設計原型。開發的重點也隨之轉移到了工程領域。在這個階段，新產品開發團隊最終要提交一個功能性模型及一個體現原有概念產品的設計模型。

4. 階段 4（實施／工程細化）

新產品開發團隊完成了產品設計，並確保最終產品運轉正常且可以被大規模製造出來。儘管工程方面的努力在這一階段佔主導地位，設計團隊成員連續地低程度介入也常有發生。在這個階段結束時，新產品開發團隊要提交完整的功能設計模型、工具性數據庫以及技術文檔。

5.階段 5(實施/製造)

在這個階段,新產品開發團隊要保證產品平穩地過渡到製造階段,新產品也從 IDEO 的工作室中移交到客戶的生產線上。

由此可以看出,由於行業差異和業務背景的差異,不同公司具體的新產品開發流程是有一定特殊性的。

心得欄 ---------------------------------

第 **6** 章

新產品開發的預算

　　開發預算是進行新產品開發活動投入資金的使用計畫。它規定
了新產品開發計畫期內具體開發活動所需的費用總額、使用範圍和
方法。

第一節　數額巨大的新產品開發風險

　　新產品的研發費用是非常驚人的。1999 年，美國的研發費用高
達 2360 億美元，佔國內生產總值的 20.7%。僅 1999 年，研發費用
就增加了 7%，工業研發費用現已達到 1570 億美元，增加了 9 個百
分點之多。

　　有些產業在研發上花費不菲，近幾十年的增長和利潤率都很可
觀。例如，製藥業將 12.3%的銷售收入投入研發；通信製造業將 12.1%
的銷售收入用於研發，位居第二；電腦與電子元件業分別以銷售收

入的 11.8%和 10.3%緊隨其後（見表 6-1-1）。更有甚者，一些產業將全部年利潤花費在研發上，例如，通信設備業及電腦辦公設備業。

表 6-1-1 工業研發費用（美國）

工業	研發經費（10 億美元計）	研發佔銷售收入的百分比	研發佔利潤的百分比
整個工業	127.9	4.4	50.7
飛機製造與航空業	4.8	3.4	6.09
汽車製造（機動車輛）	18.0	4.2	49.8
化學工業	5.9	5.8	52.5
通信設備	10.6	12.1	415.4
電腦及辦公設備	18.6	6.7	105.4
電腦服務業	8.9	11.8	65.6
電子器件	8.7	10.3	97.8
電器	3.4	2.1	19.6
食品	1.0	0.7	6.7
傢俱及木業	0.6	1.7	29.0
玻璃、石頭及陶土製品	0.5	2.2	50.7
儀器	7.9	6.8	73.7
機器（非電器）	5.4	3.2	49.7
金屬產品（製造）	0.8	1.6	19.1
金屬材料——初級產品	0.5	0.8	13.5
紙業	1.7	2.0	23.2
石油及煤工業	1.8	0.6	12.9
製藥業	20.3	12.3	56.1
電話及通信服務業	1.7	2.0	15.4
合成物及橡膠	0.7	2.4	35.0
紡織	0.09	1.8	27.7

第二節　新產品的開發預算

　　新產品開發目標與開發預算有著密切的聯繫。新產品開發目標說明企業開發小組想做什麼，而開發預算則限制開發組織能做什麼。編制開發預算是制定新產品開發計畫的重要內容，二者必須同時進行，不能分開。

一、新產品開發預算的概念

　　開發預算是開發組織依據開發計畫對開發新產品整個活動費用的大概評估，是開發組織進行新產品開發活動投入資金的使用計畫。它規定了新產品開發計畫期內具體開發活動所需的費用總額、使用範圍和方法。

　　開發預算不僅是新產品開發計畫的重要組成部份，而且是確保新產品開發活動有計劃順利展開的基礎。開發預算編制額度過大，就會造成資金的浪費；編制額度過小，又不能實現新產品開發的預期目標。開發預算是企業財務活動的主要內容之一。開發預算支撐著開發計畫，它關係著開發計畫能否落實和開發效果的大小。

　　開發預算不同於企業的其他財務預算。一般財務預算包括收入和支出兩部份內容，而開發預算只是支出費用的預算，開發投入的收益由於開發目標的不同而有不同的衡量標準。它或許反映在企業的市場地位上，或許反映在競爭對手的反應上，也有可能體現在商

品的銷售額指標上。有許多企業認為，新產品開發投入越大，所取得的效果也就越大，這種想法是錯誤的。開發組織通過對大量開發活動效果的實證分析得出：當新產品開發投入達到一定規模時，其邊際收益呈遞減趨勢。所以，理想的新產品開發活動應是以最小的預算投入取得最大的開發效果。當開發效果達到一定規模時，開發投入就是一種資源的浪費。

開發預算由一系列預測、規劃、計算、協調等工作組成。開發預算的基本程序大概有以下幾個方面：

1. **確定新產品開發投資的額度**。通過分析企業的整體營銷計畫和產品的市場環境，提出新產品開發投資計算方法的理由，以書面報告的形式上報主管人員，由主管人員進行決策。

2. **分析上一年度的開發預算**。開發預算一般一年進行一次。在對下一年度的新產品開發進行預算時，應該先對上一年的預算額進行分析，瞭解上一年度的實際銷售額是不是符合上一年度的預測銷售單位和預測銷售額。由此分析，可以預測下一年度的實際銷售情況，以便合理安排開發費用。

3. **開發預算的時間分配**。根據前 3 項工作得出的結論，確定年度內新產品開發費用總的分配方法，按季度、月份將廣告費用的固定開支予以分配。

4. **新產品開發的分類預算**。在新產品開發總預算的指導下，根據企業的實際情況，再將由時間分配上大致確定的開發費用分配到不同的產品上。這是開發預算的具體展開環節。

5. **制定控制與評價標準**。在完成前面開發預算的分配後，應立刻確定各項新產品開發開支所要達到的效果，以及對每個時期每一

項開發支出的記錄方法。通過這些標準的制定，再結合新產品開發效果評價工作，就可以對開發費用的支出進行控制和評價了。

　　6.確定機動經費的投入條件、時機、效果的評價方法。開發預算中除去絕大部份的固定開支外，還需要對一定比例的機動開支作出預算，如在什麼情況下方可投入機動開支，機動開支如何與固定開支協調，怎樣評價機動開支帶來的效果等。

二、新產品開發預算的編制

　　編制開發預算不但要按一定步驟操作，還必須採取正確的方法，以保證開發預算編制的科學性。目前，常用的編制開發預算的方法主要有以下幾種：

1.銷售額百分比法

　　是企業在一定時期內按產品銷售額的一定比例預算出新產品開發費用總額的一種方法。這種方法是最常用的一種開發預算編制方法，依據形式、內容的不同，又可以將它分為兩種：

　　⑴上年銷售額百分比法。根據企業上一年度產品的銷售額情況來確定本年度新產品開發預算的一種方法。這種方法的優點是確定的基礎實際、客觀，開發預算的總額與分配情況都有據可依，不會出現大的紕漏。

　　開發組織在運用這種方法時，可以根據企業近幾年的銷售趨勢，按一定比例來調整下一年度的開發預算，以適應企業發展的需要。

　　⑵下年銷售額百分比法。該法與上年銷售額百分比法基本相

同，都是根據產品銷售的情況按一定比例來提取新產品開發預算總額。它們的區別在於下年銷售額百分比法有一定的預測性，經營者在預測下一年度銷售額的基礎上來確定企業的新產品開發預算。它以上一年度產品銷售情況為基礎，按照發展趨勢預測出下年度的銷售額，再按一定比例計算出新產品開發預算總額。

這種方法適合企業的發展要求，但也有一定的風險。在市場上有許多未知的因素，這些因素對企業經營活動的影響有可能是突發性的，預測本質上是對事物發展趨勢的一種合理推斷，而突發性因素常常具有破壞性，它們改變事物的發展規律，使市場處於無序狀態。

2.銷售單位法

銷售單位法是以每單位產品的新產品開發預算來確定計劃期的開發預算的一種方法。這種方法以產品銷售數量為基數來計算，操作起來非常簡便。通過這種方法也可以隨時掌握企業廣告活動的效果。它的計算公式為：

$$\text{新產品開發預算總額} = \frac{\text{上年度新產品開發預算}}{\text{上年度產品銷售數量}} \times \text{本年計畫產品銷售數量}$$

$$= \text{單位產品分攤的新產品開發預算} \times \text{本年度計畫產品銷售數量}$$

銷售單位法對於經營產品比較單一，或專業化程度比較高的企業來說，非常簡便易行。相反，對於經營多種產品的企業，這種方法比較繁瑣、不實用，而且靈活性較差，沒有考慮市場上的變化因素。

3.目標任務法

目標任務法是指根據企業的生產經營目標，確定企業的新產品

開發目標，根據新產品開發編制開發計畫，再根據開發計畫來確定企業的新產品開發預算總額。

圖 6-2-1　目標任務法的操作過程

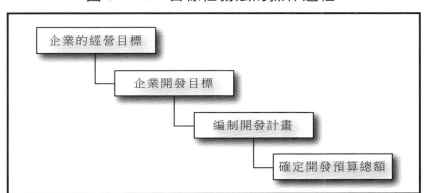

　　目標任務法是在調查研究的基礎上，確定企業的開發預算總額，它的科學性較強，但是比較繁瑣。在計算過程中，如果有一步計算不準確，最後得出的開發預算總額就會有較大的偏差。

4.競爭對比法

　　競爭對比法是指企業根據競爭對手的產品開發費用來確定自己的開發預算。

　　在市場競爭下，企業面臨的是開放的資訊系統，企業必須與對手開展競爭，以贏得競爭優勢。企業進行新產品開發在一定意義上是為了贏得一定的市場佔有率，因此企業在編制開發預算時，必須要考慮競爭對手的新產品開發規模。

　　運用競爭對比法的關鍵是要瞭解主要競爭對手的市場地位與新產品開發預算額，計算出競爭對手每個市場佔有率的開發預算，再依此來確定本企業的開發預算。如果企業想保持與競爭對手相同的

市場地位，則可以根據競爭對手的新產品開發費率來確定自己的產品開發規模；如果企業想擴大市場佔有率，則可根據比競爭對手高的開發費率來預算自己的新產品開發預算總額。這種方法的計算公式為：

$$\text{新產品開發預算總額} = \frac{\text{主要競爭對手的新產品開發預算額}}{\text{主要競爭對手的市場佔有率}} \times \text{本企業的市場佔有率}$$

$$= \frac{\text{主要競爭對手的新產品開發預算額}}{\text{主要競爭對手的市場佔有率}} \times \text{本企業預期的市場佔有率}$$

這種方法最大的優點是編制的開發預算具有針對性，適合市場競爭的需要，有利於企業在競爭中贏得主動權。最大的缺點是很難得到競爭對手的開發預算的具體資料。開發預算總額屬於企業的生產經營秘密，大多數企業都不希望將它公佈於眾，這就給本企業編制開發預算造成了困難。更有甚者，有些企業會故意散佈一些假情報，誘使競爭企業進行錯誤的決策。

5.量力而行法

量力而行法是指企業根據自己的實力，即財務承受能力來確定新產品開發預算總額。這種方法也稱為「量體裁衣法」，許多中小型企業都採用這種方法。

「量力而行」是指企業將所有不可避免的投資和開支除去之後，再根據剩餘額來確定新產品開發預算總額。下列的例子就可以充分說明量力而行法的具體運用。某企業在 N 年的經營情況見表 6-2-1。

表 6-2-1　某企業 N 年的經營狀況損益表

項目	金額（元）
銷售總額	1000000
銷售成本	600000
銷售毛利	400000
銷售費用（管理費用）	200000
新產品開發預算	100000
純利潤	100000

　　假如該企業（N+1）年的銷售額預測為 1250000 元，並且企業的銷售成本按比例同步增加，那麼（N+1）年的銷售成本為：

$$\frac{1000000}{600000} = \frac{1250000}{X}$$

$$X = 750000 \text{（元）}$$

　　如果該企業的純利潤水準仍為 10%，則（N+1）年的純利潤額應為 125000 元。在銷售總額除去銷售成本後，企業財務部門核算得出企業正常水準的獎金和其他管理費用總額應該是 270000 元，那麼企業在（N+1）年度所要投入的新產品開發總費用應是 105000 元（500000－270000－125000=105000）。推算過程見表 6-2-2。

　　表 6-2-2 中的 105000 就是該企業用量力而行法求出的新產品開發預算總額。

表 6-2-2　某企業（N+1）年的經營情況預測

項目	金額（元）
銷售總額	1250000
銷售成本	750000
銷售毛利	500000
銷售費用（管理費用）	270000
新產品開發預算	105000
純利潤	125000

6.武斷法（Arbitrary method）

武斷法是指企業決策者根據以往經驗來確定新產品開發預算總額的一種方法。運用這種方法編制開發預算時，不考慮新產品開發活動所要達到的目標，而是完全依據決策者的判斷力來確定企業的新產品開發規模。

武斷法是一種非科學的決策方法，它常用於一些中小型企業。在這些企業中，獨斷式的經營管理代替了科學的經營決策。這種方法具有較大的冒險性，新產品開發投入與開發效果沒有因果關係。

第三節　新產品的銷售預算

在明確了什麼費用可以列入市場費用，什麼費用可以列入銷售費用以後，應考慮如何對市場費用和銷售費用的比例進行分配，同時考慮這些費用的綜合需求到底是多少才更加合適。

1.銷售百分比法

按頭年銷售額，來年預定銷售額來設計。這種方法是企業使用比較廣泛的一種，但新產品上市的時候採用的比較少。

2.利潤百分比法

按頭年或來年的利潤來設計。該方法與銷售百分比相近，不同的是它容易掌握廣告費用變化的規律，新產品上市的時候也是無法採用的。

3.銷售單位法

按每箱、每盒、每件等分攤一定量來設計。這種方法很難操作，快速流轉品和保健用品經常採用，新產品上市的時候也有採用這種方法的。

4.競爭對抗法

根據主要競爭對手的廣告費用來確定自己的預算。這種方法不僅要考慮到競爭對手，同時還要考慮自身的狀況。

案例說明

	廣告費用	主要媒體形式	市場顯現結果	效益
競爭甲	5000 萬	電視	品牌認知度高	銷售不錯
競爭乙	3000 萬	市場焦點和末端	產品和品牌有一定認知度	市場佔有率高,銷量大
自己	4000 萬	電視和市場配合	希望品牌和產品達成認知	希望銷量和品牌穩步成長

競爭對抗法的操作方法為:

$$廣告預算 = \frac{競爭對手廣告費用}{競爭對手市場占有率} \times 本企業市場佔有率$$

5.市場佔有率法

按在行業中所佔市場佔有率來劃分廣告所佔的比例。該測算方法主要是在產品成熟階段,產品的市場佔有率已經被幾個品牌瓜分之後的方式。但對於一個新產品來說是如何在已經被分割完的市場中找到自己的位置,所以要尋找縫隙切入,而不是採用固守的方式,所以不適合採用此法。

6.目標/任務法

· 確定目標、明確戰略、預計實施該戰略所佔的成本。

· 新產品上市有採用該方法進行預算的,主要是企業制定目標,根據市場的潛量決定投入多少,不會計算佔多少比例。

· 有些企業將一個產品上市可以投入銷售預算額的 65%,還有些佔 100%以上,這些主要是根據企業掌握的市場潛能情況和綜合增長率來計算時間和投資回報。

‧ 資源不是很豐富的企業也可採用此方法，只是思考的角
　度不同。

市場 成長區域	產品認知 和一定銷量	產品市場佔有率擴大及 品牌的一定認知	品牌被喜歡,且產品被 理解和區隔
告知產品和產品品牌，並進 行末端促銷	利用主流媒體迅速提升 品牌，並利用通路末端 展示達成	強化產品的個性概 念,利用零售店末端的 活化手段達成	
電視、報紙的組合廣播配合 促銷	電視、報紙強化產品品 牌末端焦點和店面生動 化配合	電視強化,路牌配合, 零售店末端生動化配 合	

7. 實驗調查法

⑴在不同市場的經驗性預算，然後確定合理比例。

⑵市場的認知速度不同，緣於市場人群的經濟能力、文化素養和
　需求環境。

⑶當地媒體的發展情況。

⑷這種方法適合上市的時候採用。

8. 精確定量模型法

⑴採用市場調查的數據、史料和假設

⑵主要考慮的數據

‧ 覆蓋範圍──目標受眾的接受範圍

‧ 接觸率──目標受眾可能接受的頻率

‧ 目標受眾──選擇適合的推廣人群

‧ 價格比較──媒體的價格要適合

(3)考慮利用媒體的原則

　・ 適應性——適應企業特點及市場的推廣策略

　・ 互補性——彌補其他媒體未達到的目標人群

　・ 效力性——強調某一方面的說服力

　・ 效果性——能夠有效傳達訴求內容

(4)這種方法不適合在產品的拓展市場階段,也不適合市場的需求大於供給的時候,而應在產品已經成熟的市場採用。

9.任意法——邊走邊看

(1)憑經驗。

(2)先採用一種媒體嘗試。

(3)看別人採用那些方式和媒體而進行效仿。

(4)強勢投放或嘗試投放。

(5)該方法適合產品上市時,但企業缺乏經驗。

第四節　不同產品類別的上市推廣預算

　　新產品上市的時候,要依據產品的需求特點進行上市的告知,這些需求特點正好反映出產品的使用特性,而這正是產品不同類型的體現。不同類型的產品在推廣的時候,需要注意的是整體市場達到了什麼樣的普及狀況,不同的普及率反映不同的產品階段,應根據這些狀況測算推廣費用。

1. 快速流轉品的上市推廣預算

	市場普及率低時	市場普及率高時
區域市場	由低到高的費用進入，強化告知產品	高費用進入，強化告知品牌，然後傳達產品
全國市場	——	由低到高的費用進入，強化告知品牌和產品

2. 耐用消費品的上市推廣預算

	市場普及率低時	市場普及率高時
區域市場	利用低廉的費用，採用報紙告知利益、電視提醒注意的組合，由低到高時間長	品牌下強化的產品概念進入市場，電視、報紙和末端視覺的配合，低進入時間短
全國市場	——	全國市場高費用進入

3. 功能性產品的上市推廣預算

	市場普及率低時	市場普及率高時
區域市場	利用較少費用，採用報紙告知利益、電視配合提示品牌的組合方式，賣場配合 DM 進行宣傳和導購	品牌下強化的產品利益進入市場，電視告知品牌，報紙宣傳利益，末端配合引導
全國市場		全國市場由低到高的費用進入

第 **7** 章

新產品構思的產生

新產品取得成功的保證，是新產品具有某種獨特性。

依據創意所設計出來的產品在外觀，或在功能，或在使用方式，或在表達的思想上具有與眾不同的特性，使得顧客能夠在市場上迅速而準確地被其所吸引，繼而接受新產品。在日益激烈的市場競爭中，構思的作用已顯得越來越重要。

第一節　新產品構思的來源

在許多人的眼中，構思的來臨不可捉摸，通常帶有神秘的色彩，因此有人把構思歸為不可測量、不可預期、不可信賴的東西，也有人因構思具有斷續的不連貫的特性，故而把構思稱為「點子」。

構思是創造性思維，新產品開發的首要階段就是對新產品進行

設想的過程。

　　缺乏好的新產品構思，已成為許多行業新產品開發的瓶頸。一個好的新產品構思是新產品開發成功的關鍵，可從企業內部和企業外部尋找新產品構思的來源。

一、企業內部的構思來源

　　公司內部人員包括公司的生產部門、技術部門、市場營銷部門以及包裝、維修等從屬於公司內部的部門人員。這些人員與產品的直接接觸程度各不相同，但他們總的共同點是熟悉公司業務的某一個或某一些方面，對公司提供的產品較外人有更多的瞭解與關注，因而通常能針對產品的優缺點提出改進或創新產品的構思。在公司的這些內部人員中，除研究開發部門外，銷售人員和高層管理部門的人員是新產品構思產生極為重要、極為廣泛的來源。

1. 研究開發部門

　　研究開發部門是新產品構思最重要的內容來源。美國統計資料顯示，所有的新產品構思中，88%來自於企業內部，而其中 60%來自於企業研究開發部門。可以說，研究開發部門人員的主要職責就是進行新產品構思。而且，不管企業整個生產過程如何，新產品開發工作的啟動、推進、維持直至最後成功完成，無論那個環節都離不開研究開發部門人員的參與和努力。

2. 企業員工

　　企業內部職員是新產品構思的另一個重要來源。新產品開發並不局限於產品研究開發部門，企業中的銷售部門、最高管理層、計

畫部門、生產部門甚至企業普通員工都可以以各種形式參與新產品開發。通常顧客只是單純地從其自身需求的角度來提出建議，因此並未考慮到企業的技術條件和生產能力。而企業的員工既對企業的內部情況比較熟悉，在一定程度上也對市場需求有所把握，如果把他們的積極性激發起來，往往能提出切實可行的創意來。最富有啟發的建議通常來自於同顧客打交道，解決顧客實際問題的員工。

⑴銷售人員

企業內各個部門、各類人員通過正式或非正式方式，以新產品開發為主題提出許多設想，尤其是營銷部門的銷售人員直接接觸眾多消費者，往往對發展新產品比一般人有著更多、更直接的感受，他們掌握著顧客需求和抱怨的第一手資料，最先瞭解競爭發展的情況，因而他們往往是企業新產品開發構思的重要來源，他們頭腦裏蘊藏有許多符合用戶實際需要的新產品構思及對現有產品的改進性設想，這些想法往往會為企業進行新產品開發指明方向。為了新的構思，越來越多的企業正在培訓和獎勵其內部的銷售人員。例如，美國電子制動和報警器公司要求公司銷售人員列出每個月推銷訪問的表格，然後彙報在顧客訪問中所聽到的 3 個最具發展潛力的新產品構思。該公司的董事長每個月都要閱讀這些構思，並批示意見交給公司的工程師、生產經理等人，以便深入探究這些較為優秀的構思。

⑵管理人員

高層管理人員在制定和調整企業經營戰略時，可能會出於下列的情況而得到有關新產品開發的構思：打算對企業現有產品線和產品組合做出延長、加深或其他調整，為了更好的適應市場需求，從

而增強企業競爭實力時，可能會構思出新產品的設想，至少，也會
對新產品的範圍與性能構架規定一個合適的範圍或方向。譬如，玩
具廠擬定生產專供老人使用的更具智力性也更安靜的老年玩具；在
對原有未執行或已廢棄的產品計畫的重新審查中發現新產品構思，
如通過再度審查產品計畫，包括設計、包裝、材料、銷售管道等，
可發現新產品構想；為節約成本和更有效的使用原料，檢查生產技
術過程以尋求生產副產品的可能性，從而發現新產品設想。

(3)製造人員和技術人員

他們是企業生產技術的掌握者，也是業餘的發明家。他們對生
產中的產品常有獨到的看法和見解。

二、企業外部的構思來源

1.顧客

所有新產品都是為了滿足顧客的需求，因此顧客需求應是產品
開發構思的重要來源，而且在現實中也確實能夠實現這一目標，從
統計資料來看，新產品有 55%是根據用戶的構思產生的。

但一般來講，顧客不會有意地去為某個企業的新產品開發去絞
盡腦汁提出自己的構思，通常是通過希望消除使用現有產品時所產
生的某種不便而產生了粗略設想，由此產生的構思通常只是關於產
品改進或相關產品系列擴展方面的內容，很少能夠提出完整的產品
概念。顧客即使產生了某種構思，一般也不會主動向廠方反映，這
就要求企業產品開發人員必須主動一些，採用各種方法去瞭解顧客
的想法，從中獲得創意，尤其是顧客對現有產品的不滿足、不滿意，

就直接為企業的新產品開發提供了創意。

表 7-1-1　日本企業成功的新產品創意來源比較（可多項選擇）

來源	日本 (1982 年對 157 家企業調查)/%
最高管理層	53
開發部門	70
計畫部門	29
銷售部門	58
生產和技術部門	73
一般職工	4
用戶	55
科研院校	6
其他研究組織	6
其他	11

2.中間商

　　與企業相比，中間商與市場有更為直接、更為密切的聯繫，也是市場訊息相對密集的地方，他們能更直接的瞭解顧客的需求和意見。中間商雖對各廠家商品的優劣較為熟悉，但由於其有選擇進貨點的自由，因此也並不刻意收集資訊並有針對性地向生產企業提供。因此企業應盡力與中間商之間建立和睦友善的關係，促使中間商主動關心生產企業的生產與發展，使其也成為企業新產品開發構思的源泉之一。

3.供應商

　　任何可以依靠技術能力提供服務的供應商，都將被看成是一個新產品構思的來源。大多數家庭塑膠用品製造廠都是小規模的，常

常希望聽取大塑膠公司的意見。實際上，所有的鋼、鋁、化學品、鑄鐵、紙以及玻璃的生產者，都有技術性的顧客服務部門。它的職能之一就是向顧客提出使用該公司生產的基本材料來產生新產品的建議。

4.競爭對手

開發新產品構思的另一主要來源是競爭產品。通過對競爭對手市場佔有率以及得失分析等方面情況的瞭解和把握，可以更好地參考別人的創新構思，避免在開發新產品中走彎路，減少新產品開發過程中的盲目性，有益於企業新產品開發的構思。任何企業都應該對「誰在購買」和「為什麼購買競爭者的新產品」等問題做出明確的答覆。當競爭者的新產品上市時，許多企業將它們買來、拆開，以發現存在的問題，然後對其進行改進。二戰後的日本，就是利用這種開發策略使日本經濟飛速發展的。

對競爭對手的新產品進行改進概括地講有五個步驟：

表 7-1-2　針對競爭對手的新產品開發改進的步驟

第一步	購買競爭對手最新的產品
第二步	將競爭產品拆解開，瞭解其構造
第三步	反向設計產品，在拆解產品時，列出零部件清單，並繪出圖形
第四步	計算原材料成本，估算成本的間接費用，估算出競爭產品的總成本
第五步	結合銷售價格，推算出競爭對手的利潤，並確定最佳的生產規模

5.企業外的研究和發明人員

在工業化國家中，都有一個以發明家為核心而組成的「行業」，一些發明公司和組織圍繞在這些發明家週圍，幫助他們利用他們的

發明，使他們的發明轉化為市場上受歡迎的產品。具有輔助性和支持性的機構包括：風險資本公司、銀行、代理人、商標局和專利局、技術博覽會、專利公告、專利展示會、專利經紀人、大學創新中心以及其他的私人投資者等。這些機構為企業新產品創新構思提供了多管道的來源。例如，一年一度的國際技術交易博覽會吸引了世界各地的許多企業前來展示他們希望出售的先進技術，這就為企業新產品構思提供了多種可能。

6.管理顧問諮詢公司

有些諮詢公司也參與新產品構思工作，有的也將新產品構思作為它們提供服務或產品的主要內容之一。它們的「點子」常可以點燃企業新產品構思的火花，啟迪產品經理或開發人員的智慧。

7.廣告代理公司

廣告代理公司的關於新產品構思來源的作用，常常被嚴重低估。很多廣告代理公司在產生新產品概念方面，是具有創造性的才能以及營銷經驗的。有的廣告代理公司內部設有成熟的新產品開發部門，而有的則通過各種途徑瞭解消費者的偏好、需求趨勢以及廣告產品的訴求點，它們掌握的市場情況完全可以成為企業新產品構思的最佳來源。

8.其他製造商

很多公司都擁有一些具有潛在價值的新產品構思成果，但是其中的大部份因為與公司戰略發生衝突而不為公司所用，不得不自生自滅。通用電氣公司，在 1960 年制定的一份商業機會計畫中提出出售其「剩餘」工業技術。有的只是一個構思成果，有的是原型甚至模型、模具。

9. 大學

大學是專業人才集聚的地方。各所大學中的教授、學生思維活躍，接受新事物的能力強，他們有些觀點閃耀著智慧的光芒，可以點燃企業的新產品構思的火花。

10. 各類出版物

毫無疑問，數百種技術和學術性雜誌、貿易雜誌、時事通訊、專題論文等等，都常常是新產品構思的來源。很多新產品構思都是對其他公司的新產品活動、看似與產品無關的技術進步以及購買者態度變化進行報導的間接成果。而一些出版物則是新產品構思更直接的來源。

由於新產品構思來源於許多管道，各種構思受到認真注意的機會就會落到該組織中對新產品開發負有責任的每個人身上。並且會採用各種方法去執行和實現它。

心得欄 _____

_____

_____

_____

_____

_____

第二節　新產品構思的方法

　　真正好的構思來源於靈感、勤奮和技術，一些創造性的技術正在被用於幫助個人和集體產生好的新產品構思。常用的技術主要有屬性分析法、需求分析法等。這些技術並沒有優劣之分，還常常是多種技術混合在一起使用。

一、屬性分析法

　　屬性分析是指將企業某種新產品的屬性全部列出，然後尋求改進其中一種或幾種屬性的方法，從而改良這種產品。不同類型的屬性產生不同的屬性分析方法。

1. 多方面分析法

　　多方面分析法最早是由美國內布拉斯加大學的教授羅伯特・P・克勞福德提出來的。這種方法排列出某種產品的所有物理屬性，如製造原料、裝配加工方法、零件、大小、形狀等等，所以被稱作「屬性羅列」。創造性就由這種屬性的簡單羅列所激發，提出如「為什麼要這樣呢」和「怎樣能把它改變一下呢」這樣的問題，比如說，對於一台電腦，我們可以列出它的每一個組成部份，如顯示器、機箱、鍵盤等，我們還可以羅列出所有組成部份的屬性，如重量、性能、顏色等。這種簡單羅列的屬性往往是激發新產品開發人員創造性思想的火花來源。

　　多方面分析法被一些企業用來進行每年的產品系列審查。企業以屬性表為依據來比較自己和競爭對手的產品。發現的缺陷將成為產品改進的方向，發現的優勢將變為擴大銷售的潛在機會。工程師們利用多方面分析法已有很長時間。不過，他們還有另一個目的——價值分析。產品的每個屬性被列出來問：「這個屬性是不是能改變一下來減少成本呢？」

2.功能分析法

　　產品功能是一種重要的產品要素，不同的產品具有不同的功能或用途，一種產品的功能和用途，就是這種產品的使用價值，它是決定產品市場需求量的關鍵因素之一。所以，在進行新產品構思時，只要能夠使一種產品具有新的功能或用途，或使一種產品功能的完好程度不同（比如電視機有黑白與彩色、普通與高清晰度之分），或使同一種產品用途範圍的寬窄不同（比如載貨噸位不同的貨車及載客人數不同的客車等），就意味著實現了產品創新。

　　實現產品功能創新的方式有三種：增加現有產品功能；減少現有產品功能；改變現有產品功能的市場定位（比如將視為交通工具的自行車的功能定義為競賽、娛樂）。

3.功效分析法

　　功效與功能是有區別的，如騎行、降速、拐彎等是自行車的功能，而運輸、娛樂、鍛鍊、刺激性等則為自行車的功效。不同的消費者由於統計性因素等方面的特徵，同一產品提供給他們的效用是有一定差異的。

　　自行車是居民的一種非常普遍的交通工具，而在「車輛文化」充分發達的美國，它提供給人們的效用主要有鍛鍊、刺激、環境保

護、個性等。新產品開發人員要根據目標市場的特點，通過調查研究來把握某一產品所能提供給消費者的主要效用，通過增加或減少效用來開發新產品。

4.使用分析法

即通過羅列消費者使用某產品的各種方式來產生新的構思。一些企業，比如 3M 公司的許多產品，就是通過花費大量財力去詢問消費者，使用他們產品新的和不同的方法來開發成功的。在日常生活裏，人們常將自行車用來上學、帶人、展示、比賽、上班，等等，每一項用途就是一種新產品的構思。當然，消費者調查工作並不是必須進行的，因為大多數產品製造者能夠憑藉以往經驗就列出很長的使用情況表。

5.檢查表法

即通過問題/表格的形式來檢查已有產品，以便提出新的構思。使用最廣泛的檢查表是由著名管理專家奧斯本（Osborn）設計的，具體內容見表 7-2-1 所示。

表 7-2-1　檢查表

問題項目	是	否
是否採用它？		
是否有類似的東西？		
是否改進它？		
可否增加些什麼？		
可否減少些什麼？		
可否顛倒？		
是否能將它與什麼結合？		
是否能重新組合？		

根據表 7-2-1，如果答案是肯定的，則表明現有產品可以按此思路進行改進，在改進時要考慮目標市場上消費者的需求特徵，不能閉門造車。從檢查表中，可以看出人們可以產生許多潛在的新產品設想，不過大多數靠這種方法得到的設想沒什麼用處，並要在選擇不同設想上花費大量時間和精力。這種方法經常與其他方法結合起來使用，特別是一些群體創造力方法。

6.類比產品實驗法

類比產品實驗法實際上是一種心理投影方法，就是將新、舊產品混在一起，讓消費者根據自己的需求和以往的經驗判斷那些是新產品。它實際上是對還沒有上市的新產品進行評價，以預測新產品被目標市場上的消費者接受的程度。在實驗的過程中，消費者一般會注意到新產品的特點，即「新」之處，因為喜新厭舊是人的通病。

7.獨特性能分析法

在技術領域裏有一種有價值的方法，很少有人知道。這種方法要求開發者去尋求產品或材料的獨特性能，並且要在目前的市場中完成。

8.缺點羅列法

在明確了一種產品或一條生產線（公司自己的或競爭對手的）的所有缺點後，競爭機會就能找到。這種原始的防範方法將能進行生產線擴展或派生出其他產品來。

二、需求分析法

這類方法的注意力集中在需求上，通過研究使用某類產品的企

業或個人獲得啟示。

1. 需求的類型

在賣方市場的條件下，把發明出來的新產品推向市場是新產品開發的一貫做法，但今天，絕大多數的市場是買方市場，有見識的管理者都是要先弄清消費者的需求，然後用一種系統性的方法去滿足這種需求。但市場需求變化多端，紛繁複雜，企業在新產品構思時，需要針對不同的需求開發新產品。

⑴特定需求

特定需求是指容易表述、並能為大多數人接受並且適用大多數人的需求。如針對大家對資訊移動存儲的需求，人類發明了磁片。特定需求很可能事先或在開發過程中被發現，也可能很容易地從外部找到滿足需求的辦法。

⑵模糊需求

模糊需求很難定義，同樣也很難研究。它是一種事實存在的，卻因其難以琢磨而無法定位或定義的需求。模糊需求常發生在環境出現難以接受的變化時，決策者已經知道應該避免什麼卻還不知道想要什麼的時候。因此滿足模糊需求的新產品發明在很大程度上依賴於靈感和直覺，並且要讓顧客在新產品上市的時候積極試用。

⑶訂制需求

訂制需求的需要主體為某個特定的組織或個人，往往是一種很直接的需求。其特點是：按顧客的願望增加或刪除產品的某些性能而不必對核心部份做出很大改變，從而改進整體產品。針對訂制需求而開發的新產品，在誕生初始就要由專業售貨員為每個用戶或用戶群提供個別服務。

⑷變動需求

變動需求指消費者的需求隨時會因某種或某些主、客觀因素的改變而發生變動。要滿足變動需求對大多數企業來說是一件很困難的事，針對這種需求開發的產品也必須是有使用價值的，並要求專業人員為每個用戶或用戶群提供個別的服務。

2.針對需求而進行的新產品構思

⑴組成表

新產品開發者需要設法把某一類產品能夠滿足的需求全部列出來，但在羅列這些需求時他們常常會發現許多以前所未知的需求。組成表就是一張包含了產品滿足需求所有方式的表格，它清晰地顯示了現有產品的各種變動是如何更有效地滿足這些需求的。

⑵問題分析

問題分析法是新產品開發過程中應用最廣泛的一種方法，它是以研究用戶在使用產品中遇到的問題為基礎，並以此為創新點。問題分析法的主要步驟為：第一步，確定所要研究的產品或活動類別，確定新產品開發活動的大致範圍；第二步，識別此類產品的需求類型，因為產品的主要消費者對問題最清楚，而且他們也是大多數市場中最大的潛在消費者；第三步，從主要消費者中收集與產品相關的問題，即問題的調查階段；第四步，對收集的問題進行分析，如每一問題導致的不良後果、問題出現的頻率、用戶知道的目前可用的解決方法。常用發現問題的方法有專家意見法、用戶調查問卷法、保修記錄法。在實際應用中，常常是將這幾種方法結合使用，以獲得最廣泛的、最有創意的用戶需求，以此來作為產品創新的創新點。

⑶激發以需求為基礎的產品創意

在界定了目標需求和分析了從消費者中收集的問題之後，負責新產品開發的機構可以到公司外部尋找解決問題的方法，也可以在組織內部獲得新的產品創意。小組成員可以就問題清單中的一個或兩個方案表決，並在此基礎上採用逆轉創新技巧獲得新產品創意。

逆轉需求構思技巧的特點是從需求的對立面去進行新產品構思。比如，觀察到的需求為：日光浴者需要一種有效的便捷式擋風用具。這一需求的第一個反面是日光浴者不需要向身上吹冷風的產品。這一反面設想給我們指明了新產品開發中要避免的事宜。同時，還存在著第二個反面，我們可以做出日光浴者可能喜歡產生微風的機器這一推斷。採用逆轉的構思技巧，新產品設想很容易獲得，同時，我們還能用類比方法來延伸這一技巧。我們可以提問：這個問題與什麼相似？類似問題在其他環境中是如何解決的？即使類比並不直接，它也能給創新構思增加價值，並且，在另一種模式中重新構建問題的框架，往往能帶來實現突破的靈感。

三、關聯分析法

關聯分析法是強迫或刺激我們驅動大腦用新的或不尋常的方式去看待事物，通過考察事物之間的聯繫，去啟迪思維，創造新產品。通過分析、比較這種聯繫，有可能發現一些不同的東西，這對於開發新產品是大有好處的。

1. 矩陣分析法

矩陣分析法是關聯分析法中最簡單的方法，它是通過矩陣表把

某種產品的兩種品質結合在一起，從而啟發產品創新思維的方法，其具體實施過程是：首先選擇產品的各種品質作為變數，然後列出一個包含各種變數的矩陣表，這樣就可以得到很多組合，根據經驗或常識，去掉一些顯然不存在的組合或關聯，對剩下的組合進行分析、試驗、比較，從中找出最佳的組合方案。

表 7-2-2 就是一個關於轎車的兩種品質的簡單矩陣表。

表 7-2-2　用於轎車關聯分析的兩維矩陣表

轎車的屬性	用戶職業		
	公務員	教師	職業經理人
經濟性			
適用性			
安全性			
可靠性			
式樣			

2.強制關聯法

強制關聯法是由心理學家查理斯·惠廷在 1958 年提出的。所謂強制關聯是使表面上看起來毫無關係的事物之間發生聯繫和結合，或者說把通常沒有關係的事物強制聯繫在一起。其具體做法是：首先選擇要解決的問題，在新產品開發中就是確定要創新的產品對象；其次，列舉與對象無關的事物，通常可以從多方位、多角度進行列舉，盡量不要列舉與創造對象關係密切的事物，列舉的事物與創造對象關係越無關，就越容易打開思路，得到嶄新的構思；第三，強制將創造對象與列舉的事物結合，由此可產生許多方案，這些方

案有些看起來是荒唐的，有些則可能是極有價值的啟發性方案；最後，評價篩選方案，去掉荒唐的，保留新穎的、奇特的方案，並以適當的方式加以完善，使其變為切實可行的方案。

以選擇手錶作為創造的對象，可列舉一些與手錶無關的事物，如話筒、香煙、電腦、動物、鮮花等，再把他們強制結合起來，例如：

手錶與話筒結合：報時的手錶，會說話的手錶；

手錶與香煙結合：能裝煙的手錶，由香煙與健康可以聯想到有禁煙標誌的手錶，帶有血壓計和溫度計的手錶；

手錶與電腦結合：帶有計算器的手錶，智能手錶；

手錶與動物結合：不同動物形狀的手錶，十二生肖禮品手錶，帶有熱愛動物提示和標誌的手錶；

手錶與鮮花結合：色彩鮮豔的手錶，花型手錶，可變色的手錶；等等。

強制關聯法跳出了傳統思維的束縛，打破了原有的專業知識和經驗的框框，把看似無關的東西，強制聯繫起來，開發了創造性思維，從而促使大量新產品概念形成。

3.類推法

類推是指經常對比不同的事物或活動，從此得到某種構思的一種創新方法。類推在激發創造力的思維中，通常能起到啟發、模仿等作用。通過類比進行創新，也許能產生大量的方案。如騎自行車可以與開汽車類比：掌握方向、運行、減速、轉變等，但汽車載人多，有四個輪子，穩定性好，功率強且可變等。由相似或者差異，都會使人聯想到各種「新型」的自行車，而有些已成為現實——比如

電瓶自行車、帶發動機的助力自行車等。

4. 自由聯想法

聯想是一種普遍使用的創造性思維。自由聯想就是讓思想插上翅膀，自由馳騁，不受限制，以獲得新產品的構思。

四、群體創造法

群體創造力之所以重要，是因為集體的智慧大於個人的智慧。由於市場需求變化多端，企業面對的問題就越來越多，充分發揮集體的力量就顯得越來越重要了。時至今日，已經沒有人會懷疑合作創新的價值了。

在新產品開發過程中，使用最多的方法是腦力激盪法，幾乎所有其他的群體構思法都是建立在腦力激盪法的基礎上。雖然各種方法之間存在著一些不同點，但它們都有一個共同的核心思想：某個人提出一種設想，其他人對此做出反應，各種方法的不同就在於提出設想和做出反應的方式不同。

1. 腦力激盪法

腦力激盪法是在 1957 年，由英國的心理學家奧斯本（A.F.Osborn）提出的，所謂腦力激盪法是指主持人提出待解決的問題，鼓勵群體成員儘量多地提出新穎創見，而不允許互相批評。其基本思路是：針對要解決的問題，召集 6—12 人的小型會議，與會者按一定的步驟和要求，在輕鬆融洽的氣氛中敞開思想，各抒己見，自由聯想，互相激勵和啟發，使創造性思想火花產生共鳴和撞擊，引起連鎖反應，從而導致大量新設想產生。自從誕生以來，腦

力激盪法在世界各處傳播。它幾乎被世界上所有的大公司所使用，慈善機構、政府組織也對這種方法讚不絕口。使用這種方法，人們正發現解決問題的新方法和創造提升公司及自己事業的新機會。

⑴腦力激盪法的原則

在使用腦力激盪法時，我們需要遵循如下原則。

①延遲評判原則。要到腦力激盪會議結束時才對各種觀點、方案進行評判。在此之前不能對別人的意見提出批評和評價，不要暗示某個想法不會有作用或它有一些消極的副作用。所有的想法都有潛力成為好的觀點，所以要到後面才能評判它們。在現階段要避免討論這些觀點，因為這最終將導致兩種後果：批評或稱讚。

②歡迎各抒己見，自由鳴放。創造一種自由的氣氛，提倡暢所欲言，隨心所欲，激發參加者提出各種荒誕的想法。

③追求數量。首先，應該尋求觀點的量，往後濃縮觀點清單，所有活動應該適合在給定的時間內提煉出盡可能多的觀點。供選擇的觀點越有創造性越好，如果腦力激盪會議結束時有大量的觀點，那就更可能發現一個非常好的觀點。其次，簡要保存每個觀點，不詳細地描述它，僅僅抓住它的本質，也可能需要簡短闡述。

④探索取長補短和改進方法。採納和改進他人的觀點與生成一系列觀點的最初想法一樣有價值。試試把其他人的思想加入到每個人的觀點之中，使用其他人的觀點來激發你自己，從而把自己的觀點建立在其他人的觀點之上並進行擴展。

⑤不准私下交談和代人發言。

⑵腦力激盪法的操作過程

①會議開始，由主持人敍述構思主題，要求小組成員貢獻與該

問題有關的主意。如果小組成員過於拘束，主持人可以先組織一些比較輕鬆的話題展開討論，以創造輕鬆的氣氛。

②若有人批評他人的意見，主持人應立即予以制止。如果集體思考變成自由討論，則會產生發言不平均的現象，又會變成一場辯論會，少數人會爭得面紅耳赤，浪費時間。這時小組長要立即制止，引導會議順利進行。

③提倡輪流發言制。如果有人一時不能想出主意，他可以放棄這一輪的機會，到下一輪再發言。如此循環，每個人都有機會發表自己的意見。

④當會議進行到每個小組成員都殫精竭慮之時，小組長必須繼續堅持輪流發言，務必使每個人都焦心竭慮，想出妙計。奇思妙計往往是在挖空心思的壓力下產生的。

⑤構思小組必須設立一名記錄員。記錄時要按照小組成員發言的先後順序，用數字表明，以便查找。

2.「635」法

「635」法又稱默寫式腦力激盪法，是德國人魯爾已赫根據德國人習慣於沉思的性格提出來的。這種方法總體上與腦力激盪法沒有太大的差別，其不同點是把構思寫在卡片上，而不是說出來。腦力激盪法雖然規定嚴禁評判，鼓勵與會者自由奔放地提出構思，但有的人不善於口述，有的人對於當眾說出見解猶豫不決，有的人見別人已發表與自己的設想相同的意見就不再發言了。而「635」法可彌補這種缺點。具體做法如下：

每次會議有 6 人參加，坐成一圈，要求每人 5 分鐘內在各自的卡片上寫出 3 個構思（故名「635」法），然後由左向右傳遞給相鄰

的人。每個人接到卡片後，在第二個 5 分鐘再寫 3 個設想，然後再傳遞出去。如此傳遞 6 次，半小時即可進行完畢，即可產生 108 個構思。

3.集思廣益法

集思廣益法是將開調查會的習慣做法，與腦力激盪法等方法加以綜合後形成的，其原型是「635」法。集思廣益法小組由 6 名左右有經驗的人員組成，其中有一名主持人，主持人須頭腦清晰，思維敏捷、善於誘導，並有所準備，其實施步驟如下。

⑴預寫階段

開會前先告知與會者所討論的話題，並把構思（方案）填寫表發給每個人，要求與會者先認真思考，寫下三種有較大區別的構思（方案），持表參加會議。首先，由主持人做有關說明，隨後，與會者將填有構思（方案）的表格傳給右方相鄰的人。每人接到表格後，6 分鐘內，在他人填寫的設想啟發下，往傳來的表上填寫三個補充的、或新的設想，再往右傳。這樣，半小時之內可以傳遞 5 次，當自己最初填寫的表格傳至本人時，停止傳閱，利用 10 分鐘進行綜合考慮。

⑵暢談階段

與會者以精練的語言概要地宣讀原設想和在傳閱過程中產生的新設想，並全部記錄在黑板上，在宣讀過程中可以補充發揮，但嚴禁評判。評判推遲到後一階段進行，以免打擊他人積極性，束縛想像力。

⑶評價階段

與會者對抄錄在黑板上的各種設想方案進行分析、歸納、評價，

從優選擇，獲取創造性方案。方案選擇後，為便於決策，還可以進行專家測評。將填有方案的表格寄給 30～50 名專家，請他們對方案進行評價，同時表格中留出補充和修改意見欄，以及提出新設想和新方案欄，以吸取專家的建議。

4.德爾菲法

德爾菲法（Delphi Method）是由美國蘭德公司在 20 世紀 40 年代首創的，一開始用於軍事技術計畫的預測，後來被廣泛應用到各領域當中。

德爾菲法是根據預測目的選定一組專家，以函詢的方式或電話、網路的方式，向專家提出問題，同時提供有關預測所需要的資訊，請各位專家個人做出預測；然後，將各專家個人的意見予以綜合、整理和歸納，如果結果不趨向一致，再以匿名方式（不列出表達意見的各專家姓名）反饋給各位專家，再次徵求意見。這樣，在企業主持預測的機構與專家們之間往返循環幾次，個人預測不斷得到修正，最後將較為趨於一致的意見作為最終的預測結果。在德爾菲法過程中，始終有兩方面的人在活動：一是預測的組織者；二是被選出來的專家，它是專家們交流思想的工具。組織者與專家都有各自不同的任務。

①確定調查目的，擬訂調查提綱

首先必須確定目標，擬訂出要求專家回答問題的詳細提綱，同時向專家提供有關背景材料，包括預測目的、期限、調查表填寫方法及其他希望要求等說明。

②選擇專家

要想保證預測結果的準確，必須選擇適宜的專家，這是德爾菲

法能否成功的關鍵所在。這些專家是指那些對所研究的問題確有專長的人，最好是不僅具有一定專業知識，而且在相關領域也有比較廣泛的瞭解，包括理論和實踐等各方面的專家，一般至少為 20 人。同時，為保證所選專家的代表性，還應注意分析專家的構成和分佈。

③設計調查表

圍繞要諮詢的問題，從不同側面以表格形式提出若干個有針對性的問題，向專家諮詢。表格要簡明扼要，明確預測意圖，不帶附加條件，儘量為專家提供方便，諮詢問題的數量要適當。

④逐輪諮詢和資訊反饋

將已設計好的調查表和需要附送的有關資料一併寄送給各位專家，並儘快回收調查表。第一輪徵詢意見收回後，立即歸納、整理並匿名反饋給其他專家。專家們相互進行客觀和公正的評價與修正，每經過一次循環，意見便更加集中。普通情況下，德爾菲法要求進行 3～4 輪的徵詢。最後一輪的調查結果，即為最後預測結果。

這種方法的優點主要是簡便易行，具有一定的科學性和實用性，可以避免會議討論時產生的害怕權威而隨聲附和，或固執己見，或因顧慮情面不願與他人意見發生衝突等弊病；同時也可使大家發表的意見較快地被參加者接受，具有一定程度上的綜合意見的客觀性。但其缺點是由於專家一般時間比較緊，回答可能比較草率，同時由於預測主要依靠專家，歸根到底仍屬於專家們的集體主觀判斷。此外，在選擇合適的專家方面也較困難，徵詢意見的時間往往較長，對於需要快速判斷的預測難於使用。儘管如此，這種方法因其簡便可靠，仍不失為一種人們常用的定性預測方法。

第 **8** 章

新產品構思的篩選

在新產品構思產生之後，就要對新產品構思進行具體的分析評價和篩選，這種分析評價活動不能僅僅理解為一次活動，而應當將它當作一個程序或過程，將它看成一個系統來理解。

第一節　新產品構思的篩選

在明確了新產品構思產生的來源和方法之後，就要對新產品構思進行具體的分析評價和篩選，這種分析評價活動不能僅僅理解為一次活動，而應當將它當作一個程序或過程，將它看成一個系統來理解。

一、新產品構思篩選系統的內容

在不同的情況下，篩選系統有著不同的表現形式。大多數企業要求主管人員把新產品構思填入一張標準的表格內，以便於新產品管理委員會審核。表中應包括產品名稱、目標市場、競爭狀況，以及粗略推算的市場規模、產品價格、開發時間和開發成本、製造成本、報酬率等。

然後，新產品委員會會根據一套標準來檢查每一個新產品構思。在日本花王公司裏，新產品管理委員會考慮以下問題：

· 該產品對顧客和市場真的有用嗎？

· 它的成本明顯優於競爭產品嗎？

· 廣告與分銷容易嗎？

對這些問題中的一個或多個都不能滿足的構思，當然應當淘汰。

二、新產品構思篩選的步驟

運用新產品構思篩選系統，必須按照一定的步驟具體操作，以確保篩選目的的實現。

（一）確定篩選人員

市場營銷管理專家普遍認為，新產品構思篩選小組的構成應該與新產品委員會的組成一樣，實際上，新產品委員會的工作職責就是對新產品構思進行評價，即篩選新產品構思。篩選小組的人員構成包括企業各職能組織的代表，如營銷部、生產部、財務部、公關

部、技術部、銷售部、採購部等。

　　企業最高管理層最好不要參加新產品構思的篩選，因為他們的意見往往會影響其他人對新產品構思的取捨。要讓篩選小組在一個相對開放的、獨立的環境中工作。

圖 8-1-1　日本花王公司新產品創意篩選的系統圖

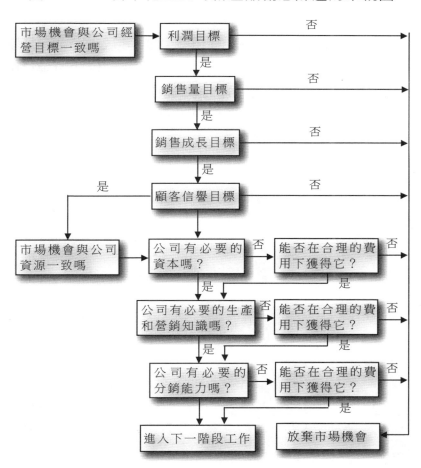

在確定篩選小組成員時，不僅要考慮他們代表的職能，而且要考慮他們的性格和經歷。例如，他們判斷事物的能力。有些企業在組建篩選小組時，對所有推薦人員進行綜合評分，去掉那些得分過低的人，以確保篩選小組自身的質量。

(二)運用評分模型

許多企業普遍採用一種對各種因素進行加權的排列模式來對新產品構思進行評分，以最終篩選。對各個新產品構思進行評分是為了得到每個構思的實際分值，然後再將它與其他構思的評分進行比較，從而得出這一構思好、壞的結論，以決定其取捨。例如，日本花王公司經篩選剩下的新產品構思，用指數加權法進行分等，具體內容見表 8-1-1。

表 8-1-1　運用指數加權法篩選新產品構思

產品構思的分等設計			
產品成功的必要因素	相對權數(A)	公司能力水準(B)	評分(A×B)
公司人格和信譽	0.20	0.6	0.120
營銷	0.20	0.9	0.180
研究和開發	0.20	0.7	0.140
人事	0.15	0.6	0.090
財務	0.10	0.9	0.090
生產	0.05	0.8	0.040
地理位置和設備	0.05	0.3	0.015
採購和供應	0.05	0.9	0.045
總計	1.00		0.720

分等標準：0.00—0.40 為差；0.41—0.75 為尚可；0.76—1.00 為最佳。

最低接受標準：0.70。

　　在表 8-1-1 的案例中，花王公司的該新產品構思的得分是0.72，處於「尚佳構思」的水準，說明該新產品構思是可以開發的。

　　根據表 8-1-1 可知，這種模型包括了各因素的等級、級別以及加權數等內容。新產品構思篩選小組對某一構思的評分是按照下列的步驟來進行的：

　　1. 篩選小組的每個評分人員分別對各因素進行評分，然後加權。

　　2. 將各因素經加權後的分數相加，就得到了某一新產品構思的總評分。

　　3. 以加權或不加權的方式將所有評分人員的評分加在一起，就得到了新產品構思篩選小組對該構思的最終評分。

　　4. 將所有新產品構思的評分進行比較，最終決定取捨。

　　需要說明的是，新產品構思篩選小組在運用上述模型時，必須注意以下幾點：

　　· 允許小組成員在有效數據的基礎上，對新產品構思進行準確的個人評估。

　　· 不准附加任何政治色彩。

　　· 不能引入任何外來因素、數據和判斷。

　　· 不能遺漏任何對產品成功至關重要的因素。

　　· 小組成員得出的評分要客觀公正，能夠準確反映新產品構思的潛力。

　　· 能突出產品構思不合格的因素。

　　· 允許在各構思之間或者構思與某些判斷標準之間進行比較。

　　· 要時刻關注環境和評分人員的變動。

(三)評分模型中的因素

實際上，加權排列模型是由一些能評分的因素所組成的，這些因素組織起來就是為了給那些不能直接評價的新產品構思進行判斷。也就是說這些因素必須是可衡量的，對它們的評分之和能夠說明產品的最終贏利性。

需要對新產品構思評分模型中的因素進行分類，根據它們與預期利潤的關係將其分為四種類型，第一級因素是利潤，即該新產品構思能給企業帶來的利潤水準；第二級的因素包括技術成就和商業成就，它們是不能直接進行評分的；第三級因素包括銷售額、邊際收入和成本費用，它們是評分模型中普遍使用的因素，但是它們也不能直接進行評分，需要將它們轉化為可以直接評分的因素；第四級因素包括批發商的新動向、對市場的熟悉程度以及產品的優勢等，這些因素是可以直接評分的。它們有助於對上級因素做出評估，因此它們是有用的因素。

(四)案例：產品開發不只是工程師的事

經過前期對競爭對手的瞭解以及對用戶的調查，大概已經積累了許多的好點子了吧。但是不要著急，不是所有的創意都能實現，也不是所有的創意都應該被實現。

產品經理對產品的創意來自兩個方面，一方面，是用戶調查時用戶提出的需求，這些創意是尤其需要被重視的；另一方面，更多的則來自產品經理，研發人員對於產品未來發展預測和判斷所提出的新功能。在集合了這些點子之後，產品經理要做的應該是對產品創意進行全面的篩選和分類，區分那些是有前途的創意、暫時擱置的創意和應該放棄的創意。這個工作是非常重要的，無論是錯失良

機放棄了好的產品創意，還是將錯誤的創新構思投入開發和商業化
階段，其代價都是慘痛的。

　　在英語裏，XEROX 是「複印」的動詞和同義詞。施樂的故事可
以追溯到人類社會的第一台影印機。賈斯特‧卡爾遜（Chester
F.Carlson）是美國一個從事專利事務律師和業餘發明家，他在 1938
年 10 月 22 日，在紐約市的阿斯多利亞（Astoria，Queens，New York
City）的簡易實驗室中，首次成功地製作出第一個靜電複印圖像。
在隨後幾年的時間裏，他一直試圖出售這個發明專利，但未能成功。
當時的公司管理人員和企業家們不相信有了碳素複寫紙，這個叫做
影印機的東西還會有什麼市場，況且當時影印機的原型產品是那麼
地笨重難看。當時有大約 20 家公司，包括 IBM 和通用電器公司，都
以「毫無興趣」的態度拒絕了卡爾遜的這項發明。

　　直到 1944 年，俄亥俄州的巴特爾紀念研究院才表示願意出資對
卡爾遜的這項發明進行技術改進。1947 年，紐約州一家生產像紙的
哈羅依德公司終於認識到這項技術的巨大的商業價值，他們派人來
到了巴特爾，購買了開發和銷售卡爾遜發明的全部專利權，影印機
技術的發展才開始走向坦途。

　　1948 年，哈羅依德公司向市場推出自己的產品時，又創造出了
另一個單詞「Xerox」（施樂）作為影印機的商標。1950 年，以硒為
光導材料，用手工操作的第一台普通紙靜電影印機問世。1959 年，
施樂 914 型影印機全面推向美國市場。1961 年，當 914 型影印機像
潮水一樣湧向世界的時候，哈羅依德公司決定將影印機的商標作為
本公司的名稱，正式改名為「施樂公司」。

　　當初拒絕賈斯特‧卡爾遜的 IBM 和通用電器公司大概沒有想到

他們放棄的是一個多大的商機。從 1959 年問世到 1976 年停產,施樂共生產了超過 2 萬台該型號的影印機,為其贏得了巨大的聲譽和利潤。現在,施樂 914 影印機甚至被美國史密森尼博物院(Smithsonian)收為館藏品,而成為美國歷史的一部份。《財富》雜誌曾撰文認為,「施樂 914 型普通紙影印機是美國有史以來生產的利潤最大的產品。」

第二節　新產品構思的篩選活動

對新產品進行評價前,首先要進行市場描繪和分析,在此基礎上對構思進行概念開發,形成和選擇與市場相協調的新產品構思。預選是新產品開發過程中最早對構思評價的方法,對一項產品是否被採納至關重要。

近年來,在新產品的開發過程中,預選活動日益引起人們的重視,突出表現在投入預選的資金和時間都有了明顯的增加。過去投入預選活動資金只佔全部新產品成本的 10%,而現在投入預選活動的費用超過了 20%。過去每一個在市場上取得成功的構思,需要對 59 個構思進行開發,而現在通過預選,大約僅需要 7 個構思。剔除不可能成功的構思,就是預選和篩選的目的。預選有兩種方法:初步的市場分析和初步的概念測試與開發。

一、初步的市場分析

　　如果企業的新產品建議來自企業目前所涉足的市場領域，那麼企業在制定戰略時就收集了有關的市場訊息，這些資訊對企業開發新產品非常重要。

　　如果新產品建議來自新的營銷領域，或者要按新的思路充實原有的資料，那就必須在現階段進一步收集資訊。一般來講，企業已有的對市場進行總體描述的數據是一般性的，針對性不強，而這時需要的數據，應稍微具體一點，至於具體到什麼程度，應視新產品建議而定。

　　大部份新產品開發活動都與企業的專業知識和技能緊密結合，這意味著所需的資訊缺口較小。但是許多企業的這類活動不是很正式，所以在這一階段要對市場進行更深入的調查研究，例如在確定目標群體的時候。企業在這時不是收集對具體設想的反應，而是考察目標群體的態度、認識和習慣行為。也許企業在這一階段應該瞭解的最重要的知識，是顧客的使用行為。企業必須知道：如果新產品被目標群體所接受，顧客應當具備的知識和技能；價值體系的調整和使用程序的變化。

　　由此，初步的市場分析可以概述為：

①基本市場描述進行更新；

②在公司全體人員中收集有關行業的專業知識；

③在顧客和分銷商中進行有關知識、態度和習慣的考察性訪問；

④如果有必要而且能夠得到更為準確的印象，就應擴大實質調

查研究；

⑤對市場營銷專家提供的新方法進行考察。

二、初步的概念測試和開發

1. 新產品概念

一個完整的新產品概念是對選擇的預期產品特性的陳述，這些特性表明，相對於其他產品或可行的解決問題的辦法它將如何產生特定的利益。只有包括了產品的品質和效益，才有可能是完整的新產品概念，例如，「一種新型的電動刮鬍刀，它的網眼很小，它比市場上任何其他刮鬍刀都要刮得乾淨。」這就是一個完整的概念。

2. 新產品概念的形成過程

新產品概念形成的過程，就是將粗略的產品構思轉化為詳細的產品概念。該過程的首要步驟是搜集輔助資訊，以獲得有關市場特徵、競爭狀況等更多資訊；進行專利搜索以找出潛在的競爭對手；通過與行業專家以及潛在顧客的談話來評估對新產品構思的態度。其次，從願意合作且產品使用經驗豐富的主要顧客那裏獲得有關新產品概念的建議，這些顧客不一定具有代表性，在某些情況下，僅有少數樣本的定性分析就可以開發出新產品概念。在某些情況下則需要進行大樣本調查才能開發出新產品概念。

任何一種產品構思都可轉化為幾種產品概念。新產品概念的形成來源於針對新產品構思提出問題的回答，一般通過對以下三個問題的回答，可形成不同的新產品概念。即：

· 誰使用該產品？

・該產品提供的主要利益是什麼？

・該產品適用於什麼場合？

以淨化空氣的產品為例，首先要考慮的是企業希望為誰提供淨化空氣的產品，即目標消費者是誰？空氣渾濁的地方大多都可使用這種產品，是針對家庭使用，還是提供給諸如商場、娛樂場所、醫院等大型公共場使用，或者專門用於各種交通工具（火車、汽車、輪船、飛機）內部的空氣淨化。

其次，淨化空氣的產品能提供的主要利益是什麼？促使室內外空氣循環？製造新鮮空氣？殺菌？增加氧氣？減少二氧化碳？吸收灰塵？根據對這些問題回答的組合，可得到以下幾個新產品概念：

概念 1：一種家庭空氣淨化器，為家庭室內保持清新的空氣而準備。

概念 2：一種專門為保持火車、汽車、輪船及飛機內的空氣新鮮的淨化器。

概念 3：一種供大型公共場所使用的中央空氣淨化器。

概念 4：專供醫院使用的空氣淨化器，主要功能在於殺菌。

3.新產品概念測試

新產品概念一旦形成，就必須在一群消費者中進行新產品概念測試，這群人應該代表未來新產品的目標市場。新產品概念的測試主要是瞭解消費者對新產品概念的反應，受測試者是消費者，而不是新產品開發團隊的人員。進行概念測試的目的在於：能從多個新產品概念中選出最有希望成功的新產品概念，以減少新產品失敗的可能性；對新產品的市場前景有一個初步認識，為新產品的市場預測奠定基礎；找出對這一新產品概念感興趣的消費者，針對目標消

費者的具體特點進行改進;為以後的新產品開發工作指明方向。

⑴**新產品概念測試的內容**

新產品的概念測試主要是對新產品概念的可傳播性和可信度、潛在消費者對新產品概念的需求水準、新產品概念與現有產品的差距水準、潛在消費者對新產品概念的認知價值、潛在消費者購買意願、用戶購買場合和購買頻率等內容進行測試。

⑵**新產品概念測試的方法**

新產品概念的測試越可靠,對以後新產品開發的指導意義越大。新產品概念測試結果的可靠性,在很大程度上取決於測試方法的科學性。

進行新產品概念測試的主要困難在於,如何將新產品開發人員心中的新產品概念有效地傳遞給被測試的消費者,因為對新產品概念的描述畢竟不能代替新產品實體,不同的消費者對同一新產品概念的描述可能會想像出不同的新產品實體,這將會影響新產品概念測試的可信度。對於某些新產品概念,用簡短的文字或圖片便能讓消費者對新產品概念有深刻的瞭解,但有些新產品概念需要更具體和形象的描述,才能讓消費者正確理解企業所希望的新產品概念。

市場營銷人員正在尋找一些好的方法,使產品概念更接近概念測試標的。如用三維印刷或立體印刷技術為產品製作三維模型,將新產品概念做成產品模型展示給消費者,讓消費者對新產品概念有更直觀的瞭解;利用電腦設計出多種供選擇的實體產品模型,讓消費者對這些產品模型表達他們的看法;也可借助於電腦對產品進行「虛擬現實」的新產品概念測試,如,對汽車新產品概念的測試,研究人員在電腦上使用某種軟體來設計出像真實的汽車那樣,置於

像真實駕駛的類比狀態，通過操縱特定的控制，受試者可以接近模擬汽車，打開車門，坐上車，發動引擎，聽到發動機的聲音，體驗駕駛的感覺。

公司可在模擬陳列室中展示模擬汽車，模擬銷售人員以一定的方式和語言接近顧客，以使測試過程更加生動逼真。測試過程完成後，研究人員可向受測試者提出一系列問題，駕駛這種汽車的優缺點，是否打算購買等。在能較好地向消費者傳達新產品概念的基礎上，可採用以下方法進行測試。

①單個新產品概念測試

向消費者口頭或書面介紹新產品概念。這種方法主要對某種新產品概念進行測試，以觀察消費者的反應。例如採用調查問卷的方法：

一家大型軟飲料製造商希望得到顧客對一種新節食軟飲料概念的看法，回答問題之前，請先閱讀下面的說明：

這裏有一種可口的、不同尋常的飲料，它不僅能止渴、提神，還能讓口中留下橙子、薄荷和酸橙混合的美妙味道。它能通過減少對甜食和餐間小吃的食慾，幫助大人（還有小孩）控制體重。最令人叫絕的是，它絕對不含熱量。該飲料有罐裝和瓶裝兩種，價格為 3 元。

您認為這種節食性軟飲料與市場上目前能買到的、具有可比性的其他軟飲料相比差別有多大？

　　□非常不同　　　　□多少有些不同
　　□略有不同　　　　□根本沒什麼不同

假設您使用了上面描述的產品，也很喜歡它，您認為您購買它

的頻率大約為多少？

　　□每週多於一次

　　□每週大約一次

　　□每月大約兩次

　　□每月大約一次

　　□更少

　　□永遠不會購買

　　…………

　②組合分析測試

　　通常對一個概念的不同版本，可能包括競爭對手的產品或針對同一需要的多個不同的產品概念，在同一概念測試中進行，因為，消費者在比較不同的產品概念時，往往能提供更有用的資訊。組合分析測試便是用於測試某一產品構思下的多個不同產品概念。任何一種產品構思都可產生多種產品概念，可通過組合分析測試來確定出消費者最喜愛的新產品概念。以一種新型的去頭屑洗髮水為例，假定新產品開發人員考慮了三種設計要素：

　　三種品牌名稱（A、B、C）

　　三種價格（每 400 克 32 元，35 元，38 元）

　　兩種香型（茉莉花香，牛奶香型）

　　新產品開發人員可根據以上要素組成 18 種產品概念，如表 8-2-1 所示。

表 8-2-1　新產品概念的組合分析測試

卡片號	品牌名稱	價格	香型	受試者評價序號
1	A	32	茉莉花	
2	A	32	牛奶	
3	A	35	茉莉花	
4	A	35	牛奶	
5	A	38	茉莉花	
6	A	38	牛奶	
7	B	32	茉莉花	
8	B	32	牛奶	
9	B	35	茉莉花	
10	B	35	牛奶	
11	B	38	茉莉花	
12	B	38	牛奶	
13	C	32	茉莉花	
14	C	32	牛奶	
15	C	35	茉莉花	
16	C	35	牛奶	
17	C	38	茉莉花	
18	C	38	牛奶	

　　讓消費者對 18 種產品概念進行排序，最喜歡的排第 1，最不喜歡的排最後。也可對這 18 種產品概念進行適當的挑選，精選出一些產品概念進行評價，這樣便於消費者選擇。

表 8-2-2　相對指數評分法模型

評價因素	因素重要程度	很好(5)	好(4)	一般(3)	差(2)	很差(1)	得分數
市場規模	0.15	√					0.75
市場佔有率	0.15			√			0.45
設計的獨特性	0.10		√				0.40
與現有管道的關係	0.10				√		0.20
與現有產品系列的關係	0.10	√					0.50
質量與價格關係	0.05			√			0.15
是否方便運輸	0.05				√		0.10
是否影響現有產品銷售	0.05						0.15
可靠性	0.05		√				0.20
適應市場週期波動能力	0.03				√		0.06
適應季節波動能力	0.02		√				0.08
現有設備的利用	0.02	√					0.10
現有人員的利用	0.02			√			0.06
原材料的可靠性	0.01		√				0.04
附加價值	0.05		√				0.20
用戶增長的可能性	0.05		√				0.20
總計	1.00	產品相對係數					3.64

第三節 「蘋果」是怎樣被設計出來的

蘋果的高級工程經理透露了一些蘋果設計的細節：將創造和現實分開討論，要有 10 個模擬方案，讓領導層決定哪個是渴望的小馬駒。

每當「蘋果」的產品上市的時候，我們總是被它的設計所迷惑。

在 SXSW 的聚會(SXSW 全稱是 South by Southwest，包括 FilmFes—tival，Music Festival 和 Interactive Festival 三部份，號稱是美國 IT 界的春假)上，來自蘋果公司的高級工程經理 Michael Lopp 透露了一些蘋果設計流程的細節。

1. 像素完美模擬

這個過程需要花費大量的工作和極長的時間。他說：「這個過程就是要去除所有的暇疵和含糊不定的地方。」這個過程在開始時可能會耗費大量的時間，但是它減少了在後期糾正錯誤和修改的時間。

2. 10 到 3 到 1

對於任何一項新的設計，蘋果的設計師們首先要拿出 10 種完全不同的模擬方案。Lopp 說，這並非是讓「其中有 7 個顯得是剩下的而 3 個看起來不錯」。他們首先要求 10 個方案，是希望設計師們有足夠的空間，在沒有限制的情況下放開了想。然後他們會從中挑出 3 個，再花幾個月的時間仔紹研究這三個方案，最終決定得出（不一定是選出）一個最優秀的設計方案。

3.兩次設計會議將創造和現實分開討論

非常有趣的是，設計團隊每週會有兩次會議。一次是頭腦風暴會議，完全忘記任何的條件限制，自由地思考，就如 Lopp 所說的，這次會議是「go crazv」。第二次是成果會議，這個會議與前一次會議正好相反，設計師和工程師必須明確每一件事情，前面瘋狂的想法是否可能在實際中應用。儘管在這個過程中，重心已經轉移到一些應用的開發和進展，但團隊還是要儘量多地考慮到其他各個應用的潛在發展可能。即使到了最後階段，保持一些創造性的想法做後備選項也是非常重要和明智的。

4.小馬駒會議

作為蘋果公司的一個高級工程經理，Lopp 提到他如何概述自己對於新軟體的要求，他說：「我們想要所見即所得……我想要它能支持主流的流覽器……我們想要它能夠表現出公司的靈魂。」但是設計和工程團隊卻總是在說他們自己認為它應該是什麼樣的，即使他們被現實誤導了。（福特曾經有一句經典語錄：「如果我當年去問顧客他們想要什麼，他們肯定會告訴我『一匹更快陝的馬』。」）Lopp 笑道：我也想要一匹小馬駒啊，誰不想呢？小馬駒是那麼的漂亮，

而且好使。但是你還是必須將他們的想法糾正過來。

解決辦法就是，將設計團隊每週兩次會議上最好的幾個想法交給領導層，他們只是決定，哪一個想法是他們渴望已久的小馬駒。這樣，一個變種的小馬駒就可以交付使用了。C—Suite(CEO、CIO等一系列以 C 開頭的)領導層對哪一個設計方案能夠勝任，心裏很明白，對下一步的工作也有絕對的話語權。這就確保了蘋果的產品線不會出現低級的錯誤。

第四節　案例：埃德塞爾汽車的敗筆

早在 1957 年 9 月，埃德塞爾汽車是打入中等價格市場的唯一項目，就作為福特汽車公司 1958 年的新型汽車公開亮相了。

這使那些按照傳統在 10 月和 11 月推出下年度新型汽車的競爭者大吃一驚。福特汽車公司委員會主席歐尼斯特‧布裏奇為埃德塞爾分部攤派的 1958 年的生產任務佔該公司全部汽車市場的 3.3～3.5%，大約 20 萬輛(當時的年產量為 600 萬輛)。然而公司董事們仍然認為這是非常保守的策略，期望膽子更大一些。埃德塞爾汽車的準備、計劃和研究工作長達 10 年之久，看來福特汽車公司一定要生產這種汽車了。在引進該車之前和引進過程之中，做廣告和推銷工作就耗費了公司大約 5000 萬美元。到 1957 年夏末，這種冒險似乎已穩操勝券。公司計劃直到第三年才收回 2.5 億美元的開發費用，但估計這種汽車在 1958 年就會在業務上有利可圖。

製造埃德塞爾汽車的理論根據似乎是無懈可擊的，因為數年以

來，汽車市場上日益增長著一股偏好中檔汽車的傾向。像皮蒂亞克、奧爾茲莫比勒、比克、道奇、迪索托和默庫裏這樣的中檔汽車，到50年代中期，已佔全部汽車銷售量的 1/3，而從前它們只佔 1/5。

但市場預測，汽車市場的重心已從低檔向中檔轉移，且 60 年代期間對高檔汽車的需求會持續增長。同時自由支配的個人收入（以1956 年的美元表示）已從 1939 年的 1380 億美元增長到 1956 年的2870 億美元，並預計到 1965 年可達 4000 億美元。而且，尤為重要的是，這些個人收入中用於購買汽車的百分比已從 1939 年的 3.5%左右，增長到 50 年代中期的 5.5%或 6.0%。顯然，對埃德塞爾這樣的中檔汽車也是有利的。

福特汽車公司恰恰在所有預測都表明具有最大機會的這個部門是最薄弱的。通用汽車公司有 3 種中檔汽車，即皮蒂亞克、奧爾茲莫比勒和比克牌車；克萊斯勒公司有道奇和迪索托牌汽車吸引這個市場；而福特只有默庫裏牌汽車與其競爭，並且該車只佔公司汽車生產量的 20%。

研究表明，在購買新車的顧客中，每年有 1/5 的人不再購買低檔汽車，而買價格更高的中檔汽車。

因此，埃德塞爾汽車的引進看來即使不是期待已久的，也是必不可少的了。

但關於埃德塞爾汽車的市場調查工作，持續了將近 10 年之久。有些調查研案專門針對車主的好惡問題，另一些調查研究則專門解決市場和銷售問題。早期的調查研究表明，各種牌號的汽車在一般消費者看來都有自己確定的個性特徵。消費者在購買新車時，優先考慮的是符合他的或她的個性。因此，為汽車尋找最好的個性和最

佳牌號這種「意象」研究，是極為重要的。所要尋找的個性，應是最大多數的人想購買的個性。福特汽車公司的研究者認為，他們擁有製造中檔汽車的極大優勢，這是因為他們不必非得改變現有汽車的個性不可；而且他們能重新製造出他們想製造的任何汽車。

埃德塞爾汽車並未做成小巧玲瓏的轎車，它車體龐大；它的兩個最大的系列產品「科賽」牌和「西塔森」牌汽車比最大的奧爾茲莫比勒車還長兩英寸。它的馬力很大，是人類製造的最大馬力汽車之一，其引擎高達 345 馬力。他們認為，這種大馬力可能產生的高級性能是預先為該車設想的像運動員一樣強壯而年輕的形象中至關重要的因素。

1957 年 7 月 22 日，福特汽車公司開始做推銷廣告。《生活》雜誌以橫貫兩頁的版面刊登了醒目的廣告。畫面是：一輛轎車在鄉間公路上飛速疾駛，由於速度太快，車子看上去竟然有點兒模糊不清了；文字說明寫道：「最近，你將會看到有些神奇的轎車在公路上奔馳。」接著說明，這種速度極快的轎車就是埃德塞爾汽車。在埃德塞爾汽車公開亮相之前的其他「預先」性廣告則僅僅展示遮蓋著的該車的照片。直到 8 月末，該車的實際照片才公之於世。

該車於 1957 年 9 月 4 日公開出售，1200 名埃德塞爾汽車經銷人迫不及待地開門營業。在大多數經銷處，顧客潮水般地蜂擁而至。他們出於好奇，都想目睹該車究竟有那些獨特別致的優點。開業第一天，簽訂的訂貨單已達 6500 多份，這使公司的負責人們感到心滿意足。但是，這當中也蘊藏著不妙的跡象。有一位經銷人在一個展室裏展銷埃德塞爾汽車，在附近另一展室裏展銷比克牌汽車，他報告說，一些很可能成為買主的客人走進埃德塞爾汽車展銷廳，仔細

察看了埃德塞爾之後，居然當場拍板成交，定購的卻是比克牌汽車。

　　隨後幾天裏，銷售量猛跌。10 月份的前 10 天，只售出 2757 輛，平均每天才銷售 300 多輛。而為了完成每年銷售 20 萬輛的最低計劃，每天應該銷售 600～700 輛。

　　整個 1958 年，售出的和在汽車局註冊的埃德塞爾汽車僅有 34481 輛，還不及銷售計劃的 1/5。1958 年 11 月，由於推出第二代的新型埃德塞爾汽車，形勢略有好轉。第二代的這種埃德塞爾比上代的車身較短，顏色明快，馬力較小，售價也降低到只有 500～800 美元。

　　最後，埃德塞爾分部終於與其他分部合併，組成林肯－默庫裏－埃德塞爾分部。1959 年 10 月中旬，公司推出第三代埃德塞爾，也未引起消費者的興趣。1959 年 11 月 19 日，該車終於停產了。埃德塞爾牌汽車至此壽終正寢。

　　1957 年～1960 年間，生產埃德塞爾汽車的人員和設備陸續轉用於公司的其他分部，這樣，彌補了 1.5 億美元的投資，然而仍留下永遠無法彌補的 1 億多美元的最初投資和大約 1 億美元的營業損失。

　　討論埃德塞爾汽車失誤原因的文章說：「除真正的失誤和所謂的失誤以外，埃德塞爾汽車還遇上了難以預料的厄運。

　　它被推出之時正是 1958 年價格開始暴跌的時期。在 1958 年，那一種汽車的銷售情況也不太佳，埃德塞爾汽車更甚。」三藩市的一位經銷人員這樣總結說：「中等價格市場在正常情況下極為興旺，但是在蕭條時期，當我們勒緊褲帶過日子時，它也是首當其衝的受害者……當他們最初構想埃德塞爾汽車時，中檔汽車還有很大市場，但是到這個嬰兒呱呱墜地之時，這個市場早已經作鳥獸散。」

在埃德塞爾汽車進入市場的這一年，小型進口車的銷售量翻了一番還多。這種消費偏好的變化，並不僅僅是由 1958 年的價格暴跌引起的。其實，即使經濟狀況有所改善，這種變化也不會向相反方向發展。小型外國轎車的銷售量在隨後幾年間一直暢銷，這反映了大型汽車在人們心目中普遍失寵，人們渴望得到經濟實惠樸素大方的小型交通工具。

進口汽車銷售量的增長情況，這種趨勢本來應該引起埃德塞爾汽車的決策人的警覺。埃德塞爾汽車的失敗不能歸咎於缺乏市場調查研究。實際上，公司為此曾投入了大量經費。然而這些努力具有三方面的缺陷。

首先，旨在為這種新車建立一種令人嚮往的形象的動機研究工作，並不全是有益的。儘管這種研究對於確定消費者如何看待切夫羅爾特、福特、默庫裏以及其他各種牌號的汽車是有價值的，並且對於引導負責埃德塞爾汽車的董事們為其新車選擇特殊的形象有些參考價值，但是實際上人們嚮往的這種形象並不一定能夠變成產品的實際特性。譬如，儘管那些雄心勃勃的年輕企業家和專家似乎可以成為埃德塞爾汽車潛在的消費者，然而，只通過加大馬力和安裝高級操縱設備就能贏得他們的喜愛嗎？難道其他特性就不能對這些消費者產生更大的吸引力嗎？（這些消費者中許多人的興趣，大約在這個時期已轉向歐洲小型汽車，而對這種「馬力競賽」和鍍鉻龐然大物不再感興趣。）

其次，大多數市場調查工作是在推出埃德塞爾汽車的 1957 年之前好幾年間進行的。那時，對中檔汽車的需求雖然強烈，但是，據此而假定這種強烈需求將會固定不變，則是不明智的。消費偏好的

劇烈變動還是個尚未探明的謎──這本應引起注意。對進口汽車日益增長的需求，更應進一步做調查研究，甚至應該根據市場變化的情況重新審查各種計劃。

心得欄 -

第 **9** 章

新產品的銷售預測

通過對新產品銷售量的分析，可以得出新產品銷售量的預測內容，包括首次銷售量、更新銷售量和重覆購買銷售量的預測等。

企業需預測新產品的銷售量，判斷其是否有足夠能力，收回企業的投資並實現可觀的利潤。

第一節　新產品開發計畫書

一、新產品開發計畫書

不同的企業有不同的企業文化，具有不同的經營優劣勢，在開發新產品時會運用各自擅長的方法和途徑，因此，它們擬定的新產品開發計畫的具體內容也就有一定的差異。實踐證明，現代企業擬

定的新產品開發計畫應該包括新產品的競爭領域、開發新產品要實現的目標，以及實現目標的具體規劃等內容。表 9-1-1 就是一份完整的新產品開發計畫應該包括的詳細內容。

表 9-1-1　新產品開發計畫

第一部份，新產品的競爭領域
（一）產品的類型
（二）產品的最終用途
（三）產品的目標顧客
（四）產品的技術
　　1. 科學技術
　　2. 經營技術
　　3. 營銷技術
第二部份，開發新產品要實現的目標
（一）為了企業發展
（二）為了維持企業的市場地位
（三）特殊目的
第三部份，實現目標的具體規劃
（一）關鍵創新要素的來源
（二）所用的創新程度
（三）時機的選擇
第四部份，新產品的成本、利潤預測

二、新產品的競爭領域

新產品的競爭領域是新產品開發計畫的首要組成部份。企業開發新產品，目標競爭領域常常是多維的，最常見的有：是什麼產品、產品的最終用途、目標市場以及產品所運用的技術等 4 種情況。

（一）新產品是什麼

企業組織開發的新產品是什麼，它包括產品的用途和具體形態。藥品、化妝品、啤酒、服裝、家用電器等都是具體的產品，例

如，某公司正在開發一種可視電話，開發一種超薄的高清晰度電視等。

根據產品來定義新產品的開發方向，優點是簡單、明瞭，不足之處是使開發領域顯得過分狹隘，制約了產品的創新。

（二）新產品的最終用途

產品是用來做什麼用的，為目標市場提供什麼樣的使用價值，為消費者提供什麼樣的效用。例如，某電腦公司正在開發一種「數據處理」產品；某服裝公司正集中力量研究可供消費者休閒或外出度假使用的產品。

使用最終用途來定義新產品的開發方向，使新產品的開發活動顯得更加自由。它既克服了創意思路過分狹隘的缺點，又鼓勵人們產生更多的創新思想。缺點是由於目標含義的不明確，開發人員在具體操作過程中往往會超出企業專業範圍。例如，某自行車生產企業正在集中力量開發一種輕便的「交通工具」，開發人員根據對「交通工具」的理解，也許會將創新思想覆蓋到汽車、自行車、飛機等產品上，這大大超出了該企業的專業範圍。照此構思進行開發，必然會造成財力、人力的浪費。

（三）目標顧客

是指為那些消費者提供新產品。新產品開發目標領域的消費者，應該包括明確的統計性特徵以及心理特徵。統計性特徵，是指消費者的年齡、性別、受教育程度、職業、收入等具體內容。例如，美國嘉寶公司的「我們的事業就是嬰兒」，公司的新產品主要圍繞嬰兒產品開發。再如，美國聯合煙草公司在開發新產品時，提出了以「男青年」作為新產品的競爭領域。

消費者的心理特徵包括消費者的偏好、生活方式以及購買風格
等。例如，美國海倫娜·羅賓斯坦公司（Helena Rubinsteri）在開
發新產品（一種香水）時，提出「真正的女人」；霍爾馬公司（Hallmark）
產品開發的服務對象是「非常謹慎購物的人」等。體現消費者心理
特徵的上述變數，所決定的絕不是企業開展市場營銷的短期目標，
而是根據上述變數對顧客進行明確的標定，新產品開發計畫正是為
這些人而制定和實施的。

（四）技術

技術也是企業開發新產品常用的競爭領域。技術包括科學技
術、經營技術和營銷技術。人們普遍認為，寶潔公司的成功與其特
有的市場營銷技術有著密切關係。開發新產品成為企業運用這些技
術的一種有效途徑。企業開發新產品，主要是為了在某些技術方面
領先於競爭對手。

三、開發新產品的目標

產品創新包含著企業的內在優勢，因此產品管理人員必須為此
尋求一個特定的目標。概括地講，企業開發新產品的目標主要有 3
個：企業發展、維持市場地位和特殊目標。

（一）企業發展目標

通過開發新產品，企業通常尋求 4 種發展型式：即迅速發展、
受控發展、維持現狀和受控收縮。具體如何選擇，要視企業的整體
發展規劃而定。

1. 迅速發展。企業增加新的產品線，採取各種措施降低生產經

營成本，使新產品率先進入市場，搶佔領先的優勢。

2.**受控發展**。面對外界的衝擊，企業利用自己的穩定系統，使其仿製產品有步驟地進入目標市場。

3.**維持現狀**。企業比較滿意目前的市場佔有率，不再發展，努力保持現狀。

4.**受控收縮**。由於產品處於成熟期，市場競爭非常激烈，利潤日益減少，企業有意識地逐步減少原有產品線的投入，調整自己的經營方向，轉向其他產品創新。

（二）市場地位

企業組織新產品開發的市場地位目標，即市場佔有率目標。通過開發一定的新產品來提高企業在同類產品中的市場佔有率。

美國通用食品公司就是不斷地開發新產品來逐步提高其市場佔有率的，表 9-1-2 是該公司保持領先市場地位的產品名稱。

企業希望通過開發新產品來擴大企業產品（或品牌）某一市場上的佔有率。美國克勞克斯公司（Clorox）強調為消費者提供包裝好的商品。該公司堅持為超級市場設計系列產品，因為只有這樣，它才有機會通過持續不斷的新產品在市場佔有率上獨領風騷。

表 9-1-2　美國通用食品公司保持領先市場地位的產品

市場細分	2003 年的零售額 （百萬美元）	品牌名稱
咖啡	4000	麥克斯維屋、桑卡、優邦
冷凍食品	1100	鳥眼
粉狀軟飲料	560	庫爾艾德、田園時光
濕軟狗食品	310	一流選擇、甘斯柏格
布丁	250	吉爾歐
薄煎餅和華夫糖漿	240	小木屋、廚師
優質甜點	210	清涼、夢幻
果子凍	180	吉爾歐
即溶早餐飲料	110	風味
方便米	90	小不點
色素	75	歐溫佛萊
即溶混合食品	75	名廚
乾沙拉調味汁	0	四季優
椰子	50	麵包師
烘炸巧克力	45	麵包師

（三）特殊目標

　　「銷售量」和「市場佔有率」兩個目標範疇包括了大部份企業開發新產品的目標，但也有特殊情況。有的企業根據自身的具體情況組織開發新產品，是為了特殊的經營目標。這些目標主要有：產品多樣化、產品季節性調整、迅速回收資金、維持或者改變企業形象等。

圖 9-1-1　　新產品開發的差距

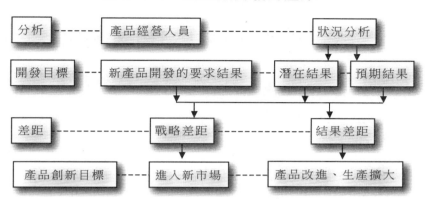

從上述 3 個目標可以看出，新產品開發的目標具有定性化或方向性的特徵，因為在開始時，產品經營人員瞭解的有關市場供求情況太少，無法給出具體的利潤目標。開發人員不知道某件新產品能給企業帶來多少效益。市場的實際情況往往與產品開發的要求有一定的差距。這種情況如上圖 9-1-1 所示。

由於存在大多數不確定因素，新產品開發的利潤目標一般是不容易確定的，即便事先確定下來，與實際情況也有一定的差距，這給制定新產品開發計畫帶來了一定的困難。而上述 3 個目標都是定性化的，這種方向性目標的特點就是長期地保持不變。這也正是人們常常懷疑為什麼利潤不能作為新產品開發目標的重要原因。

第二節　影響新產品銷售量的因素

　　產品經理需要預測新產品的銷售量，判斷其是否有足夠能力收回企業的投資並有可觀的利潤。影響新產品最終銷售量水準的關鍵因素有如下：

· 知名度。

· 會試用該產品的消費者的最終比例（試用）。

· 繼續使用該產品的試用者的比例（重覆購買）。

· 該產品在最終使用者中的使用率。

　　對於耐用產品，試用基本上就是第一次購買，它可能是幾年內消費者唯一的一次購買（例如，一輛家庭汽車，一家公司的電腦系統等）。對於吸引消費者試用相對容易的頻繁購買率，重覆購買率是新產品成功的關鍵。

（一）知名度

　　新產品的知名度直接影響著它的銷售量，知名度越高，新產品的銷售量就越大。開發人員可以將新產品引入目標市場，監控新產品的知名度，並通過繪製知名度與時間的分佈圖來觀察新產品的銷售趨勢，預測新產品的銷售量。

　　開發人員也可以將新產品的知名度與起支持作用的因素聯繫起來，以建立函數模型。通常情況下，新產品的知名度被作為廣告支出的函數。美國營銷專家 N.W.阿葉研究了幾種新產品引入市場的過程，為產品的知名度設計了更為複雜的模型：

新產品的知名度＝e＋b_1（新產品定位）

　　　　　　　　＋b_2（媒體印象或廣告文案）

　　　　　　　　＋b_3（含有消費者促銷的廣告資訊）

　　　　　　　　＋b_4（產品大類興趣）＋e_1

式中，e：固定係數。

（二）試用

消費者對新產品的試用也影響著新產品的銷售量。開發人員需要在一段時間內跟蹤消費者初次購買新產品的情況，目的是預測新產品銷售的最終水準。開發人員可以利用下列公式，先求出累計試用量，再據此算出飽和水準。

如果新產品的試用量是根據一些市場因素得出的預測結果，這些因素就是廣告、分銷以及 SP 促銷等，那麼消費者對新產品的初始購買量為：

新產品的初始購買量＝a_2＋b_1（估計的知名度）

　　　　　　　　　　＋c_2（分銷水準、包裝水準）

　　　　　　　　　　＋c_3（如果是家用品牌）

　　　　　　　　　　＋c_4（SP 促銷）

　　　　　　　　　　＋c_5（對新產品樣品的滿意程度）

　　　　　　　　　　＋c_6（新產品大類的使用量）＋e_2

式中，a_2：固定係數。

（三）重覆購買率

反應新產品成功與否的關鍵在於消費者對新產品的重覆購買率的高低。開發人員可以通過繪製目標市場上的消費者重覆購買行為與時間的關係圖來確定，也可以通過繪製購買場合的分佈圖來進行

推導。

（四）消費者對新產品的使用率

消費者在好奇心的驅駛下，會購買新產品，檢驗新產品的功能和效用。一旦消費者的需求得到充分滿足，消費者對該品牌的新產品就會形成一定的忠誠感，就會產生重覆購買行為。

新產品重覆購買量的計算公式為：

重覆購買量＝f（初始購買量，相對價格，產品滿意度，購買頻率）

消費者對新產品的重覆購買量是建立在上述幾個因素上的。它就是新產品預期的銷售量，根據這一結果，開發人員就可以對新產品開發活動進行決策。

（五）新產品的屬性

如果從新產品的角度進行分析，影響新產品銷售量的因素主要是產品的屬性，即新產品是一次性購買的產品、偶然購買的產品還是經常購買的產品。不同屬性的產品，它們的銷售量有較大的差異：

1.一次性購買的新產品

一次性購買的新產品是指消費者一生中只購買一次，這類產品的需求缺乏彈性，產品的銷售量不會因為產品價格的變動而增加或減少。各種形式的促銷活動對這類產品的供求一般不起作用。

一次性購買的新產品上市時，銷售量逐步增加，最終達到高峰，當潛在的消費者減少時，產品的銷售量逐步下降，最終接近於零。

2.偶然性購買的新產品

偶然性購買的新產品主要是指耐用品，消費者購買一次後使用許多年。

　　例如汽車、家用電腦、微波爐、冰箱、大型工業設備等。這類新產品的使用既受到有形磨損的影響，也受到無形磨損的影響。有形磨損是指產品的物質實體上發生的磨損，是一種看得見的磨損。例如，家用冰箱的連續使用壽命一般為 12 年，12 年以後就需要更新。無形磨損則是產品在價值形態方面發生的磨損，有可能是更新產品的大量出現，使原有產品在性能、式樣方面顯得老化；也有可能由於生產力的發展，大大縮短了生產該類產品所必需的勞動時間，從而降低了成本。

　　偶然性購買產品的兩種磨損形式，使其銷售量預測也更加複雜一些，新產品開發人員要分別估計其首次銷售量和更新銷售量，兩者之和則為總銷售量。

3.經常購買的新產品

　　經常性購買的新產品主要是指消費者和工業生產中使用的非耐用品，例如：香煙、酒、食品、服裝、香水、洗髮水等。這類產品的使用壽命也許是幾天、幾個月。

　　開始時，新產品的首次購買人數逐漸增加，然後遞減到剩下為數不多的購買者。如果該品牌產品能使消費者感到滿意，就會使消費者形成品牌忠誠，使他們產生重覆購買行為，為企業帶來可觀的利潤。產品的銷售曲線最後落到一個相對穩定的水準，也就顯示出了一個穩定的重覆購買量。

第三節　新產品銷售量的預測

透過對影響新產品銷售量因素的分析，可以得出新產品銷售量的預測內容，應包括首次銷售量、更新銷售量和重覆購買銷售量的預測等。

（一）首次銷售量預測

不論是什麼屬性的新產品，要對它的銷售量進行預測，第一步工作應該是預測該新產品在各個時期的首次購買量。下面是估計新產品首次銷售量的幾種方法的實例，可供新產品經理借鑑。

實例：一次性購買產品──醫療設備的首次銷售量估計

一家醫療設備的製造企業開發了一種用於分析血液樣品的儀器。這個企業認定了三個細分市場──醫院、診所和獨立實驗室。對於每個細分市場，新產品經理先確定會添置該儀器的最小規模的試驗設施。其次，它估計每個細分市場中試驗設施的數量。它通過估計出的購買概率（這是因各細分市場而異的），縮減需購置的實驗設施的數量。然後，將餘留下來的潛在顧客的數量匯總，並將它稱為市場潛量。再根據各個時期計畫的廣告宣傳和人員推銷、有利的口頭好評的比例、該機器的價格和競爭者的活動量，估計市場滲透率。把市場潛量和市場滲透率相乘就得到新產品銷售量的估計值。

實例：耐用消費品購買——室內冷氣機的首次銷售量估計

偶然性購買產品主要是指耐用消費品。有些營銷專家認為，流行性模式對新產品擴散過程的分析非常有用。美國市場營銷專家巴斯利用流行性方程式預測首次引入市場的器械用品的銷售量，包括室內冷氣機、電冰箱、家用冷藏箱、彩色電視機和電動除草機。他利用產品引入市場的頭幾年的銷售量資料，估計隨後幾年的銷售量，直到更新需求成為一個重要因素時為止。例如，他的室內冷氣機的銷售計畫與實際銷售狀況非常吻合。他預測的銷售高峰期為 8.6 年，而實際的高峰期為 7.0 年；預測的最高銷售量為 190 萬，而實際只達到 180 萬。

（二）估計更新購買的銷售量

更新銷售量是指產品更新換代時的銷售量，新產品經理必須瞭解新產品的使用壽命，即新產品的殘存年限分佈。大量市場調查表明：對於耐用消費品，消費者通常不會使用到產品的最終年限。他們會根據經濟的發展、個人收入水準的變動、家庭的變化、產品的價格等因素來決定更新產品，因此估計產品更新銷售量是有一定困難的。許多新產品經理常以首次銷售量作為估計更新銷售量的基礎。例如，在某一產品的最終使用期限內，60%的消費者會再次購買該品牌產品。該品牌產品的首次銷售量乘以 60%就是產品的更新銷售量。至於 60%是如何得出的，也許是銷售人員的經驗，也許是根據同類產品的相關資料。

（三）估計重覆購買的銷售量

經常性購買的產品單位價值較低，消費者的每次購買量較小，購買頻率較高。產品一旦投入市場，就會產生消費者重覆購買的行

為。對於這類產品，新產品經理不僅要預測首次銷售量，而且要估計重覆銷售量。這類產品的銷售量應該等於：

　　銷售量預測值＝首次銷售量＋重覆購買量

　　如果某一品牌產品的重覆購買率較高，就意味著消費者對產品比較滿意。有的產品在首次購買發生之後，其銷售量仍然處於高水準，說明消費者對該品牌產品非常滿意，產品的重覆購買量會有一定幅度的增加，這類產品銷售量應該等於：

　　銷售量預測值＝首次銷售量＋一次重覆購買量 $(1+a\%)^n$

　　式中，n：估計會發生的重覆購買次數；

　　　　　a%：重覆購買率。

　　對於這種情況，產品銷售者要注意在每個重覆購買階段中發生的再購買百分比，還要包括以下問題：

・誰買 1 次？

・誰買 2 次？

・誰買 3 次？

・每次重覆購買的銷售量是多大？

・增加了多少？

・幾次重覆購買平均增加幅度？

　　這類產品有些品牌在上市後一段時間，其銷售量沒有明顯增加，說明目標市場上的消費者不滿意該產品，新產品經理要組織有關人員調查其中的原因，為改進產品提供依據。表 9-3-1 是計算產品重覆購買的一個實例，通過有關已知條件，可以計算出某品牌產品的重覆購買量，為新產品銷售量的預測提供依據。

表 9-3-1　某品牌產品的重覆購買量

已知 I：

　　· 目標市場上有 300 萬個購買家庭

　　· 平均每個家庭每年購買 15 盒

　　某品牌產品每年的銷售量為 300×15＝4500 萬盒

已知 II：

　　· 目標市場上的 40%的購買家庭對該產品有一定的瞭解

　　· 認知家庭的 30%會試用該產品

　　· 試用該產品的家庭的 60%會產生重覆購買行為

結論：

　　某品牌產品的重覆購買量

　　1. 重覆家庭數：300 萬個×40%×30%×60%＝216000 個

　　2. 重覆購買量：216000×15＝3240000 盒/每年

　　該品牌產品的市場佔有率

　　3240000÷45000000＝7.2%

第 *10* 章

新產品的設計

　　新產品的設計包括產品功能設計、外觀設計、構造比例設計、包裝設計等。新產品功能的設計是新產品的核心。

　　精心的設計是新產品獲得成功的關鍵。

第一節　產品功能概述

一、產品功能的定義

　　產品的功能是指產品達到用途所要求具備的能力。

　　產品的功能既屬於產品，又不等同於產品，它應該反映消費者使用這種產品的要求。人們使用產品，實際上是使用它的功能，企業開發新產品，實際上是為了開發新功能的產品。

　　例如，英國電信公司開發的「靈巧羽毛筆」，就是一種新功能的產品。它實際上是一種鋼筆式電腦，具有學習功能，經過訓練後能夠識別使用者的手跡，並使用一種空間感知技術，把手書作為文本記錄下來。這種造型優美的筆有一個用於提示使用者的小型螢幕，通過一個電子「墨水池」可與電腦、印表機、數據機或者移動電話相連接並傳送文件。

　　任何新產品都必須有功能，日用工業品首先必須考慮能用，服裝必須能穿，玩具必須能玩，形形色色的產品無不著眼於功能。沒有功能就構不成產品，產品功能的設計是新產品設計的核心。現在世界經濟出現了一種新趨勢，不是以產品的數量優勢佔領市場，而是以獨特的產品功能贏得競爭優勢。強調新功能、多品種、高質量、小批量，以適應生活水準不斷提高所產生的需求多樣化。消費者購買產品都是為了滿足需求，因此，新產品功能設計要以滿足現代生活的具體物質需要為目的，要有明確的目的功能。

二、產品功能的種類

　　新產品的功能設計與價值工程有著密切的關係。價值工程是提高新產品功能的有效途徑之一。價值工程與其他合理化方法的差異就是：它將產品的成本與其功能聯繫起來，而其他降低成本的方法則將成本與產品本身聯繫起來。從這一基本觀點出發，價值工程將產品功能分為：必要功能和不必要功能、不足功能和過剩功能。

　　產品的必要功能是指消費者需要、要求並承認的功能。例如，消費者購買冰箱，冷藏就是冰箱的必要功能。購買昂貴的吊燈，照

明就是吊燈的必要功能;如果新產品不能滿足消費者的需要和要求,就是功能不足;如果產品中的功能,有些不是消費者需要、認可的功能,則稱為不必要功能;有些超過了消費者需要並認可的功能,就是產品的過剩功能。

不具備必要功能的新產品,就無法滿足消費者的需要,往往是次品或廢品。不必要功能、過剩功能會形成無效價值,只能增加產品的用途,但不能提高產品的價值。那麼,在設計新產品的功能時,怎樣才能消除不必要的、過剩的功能呢?這就要進行以產品功能為中心的價值分析,具體來講要做到以下幾點:

努力實現新產品的必要功能,設法排除不必要功的能和過剩功能。

為確保必要的功能,只要功能與成本保持最佳的匹配,新產品的生產成本稍高一點也是可行的。不能只為了降低產品的生產成本而影響產品的必要功能,使產品不能滿足消費者的需求。

構成新產品的各要素功能的壽命要大體一致,即不僅要剔除總體不必要的過剩功能,還要剔除各構成部份的過剩功能。使產品各構成部份的功能壽命大體一致,以減少不必要的浪費。

三、新產品功能的設計趨勢

新產品的功能設計也是新產品設計的一項重要內容。出奇的構思、研究和精心的設計是新產品獲得成功的關鍵,在市場上領先的產品已證實了這一觀點。著名的企業確信,出色的設計總能使產品增值,在設計方面投資是有利可圖的。

　　吉列公司生產的感應刮鬍刀就是一例，在技術方面取得的巨大突破——通過鐳射焊接，把兩片刀片安裝在角度與人臉部完全吻合的刀片架上——加上便於操作的手柄，為人們提供了最大的安全感。該公司在12年中投資250億比薩斜塔（西班牙貨幣）對這種刮鬍刀進行研究和設計。為製成這種產品，有40位工程師和物理學家在英國雷丁中心進行研究。其結果是，在全世界共售出 3800 萬個刮鬍刀和6.46億個刀片，分別比預計數字超出 30%和50%。

　　今天，設計已成為在國際市場上競爭的關鍵因素。為了說明設計的重要性，西班牙工業設計發展協會主席霍爾迪‧蒙塔尼亞列舉了西班牙瓷磚工業的例子。西班牙瓷磚要比義大利瓷磚質量高、價格低。

　　蒙塔尼亞認為，要使工業設計獲得成功，應具備 3 個條件：要在設計草案方面投入更多的時間；設想和設想的實施優先於競爭對手；要選擇適當的人選。也就是說，設計者要對產品與產品生產程序及消費者的潛力有一定瞭解。

　　早在 1992 年初，西班牙就通過了工業設計促進計畫，以「有助於具有西班牙特色的設計模式在國外得到鞏固和傳播」。為扶持設計，西班牙工業部和巴賽隆納設計基金會還設立了全國設計獎。許多獲獎者設計的產品如今都成了人們的日用品。

　　目前，大規模的產品更迭正在席捲世界市場。辦公設備正在退出市場，取而代之的是消費裝置；經久耐用、功能超強的技術產品不再是搶手貨，使消費者感到舒適的技術產品流行起來；多用途電腦已經過時，用途單一的小型電子裝置時髦起來；固定不動的產品已被淘汰，可移動性比什麼都重要。

第二節　提高產品功能的方法

　　在新產品設計中，人們普遍認為提高產品的功能，就會增加產品的成本；而成本降低到一定水準以後，如果再努力使之降低，就必然會降低產品的功能。這似乎是一個兩難的困境，因為功能優良、價格低廉恰恰是新產品在市場競爭中取勝的兩個最有力的武器。誰能克服這個兩難困境，做到「價廉物美」，誰就能夠在市場上贏得競爭優勢。這自然需要一種有效的技術和方法作指導，使得在提高產品功能的同時，產品的價格不會大幅度上漲，甚至有一定的下降。

　　價值工程的創始人拉里‧麥爾斯先生說：「在市場競爭中，總是以功能和成本領先戰勝對手，而價值工程理論與技術恰是解決這兩個問題的有效手段。」因此，提高產品功能並使產品有一定的競爭力，就必須運用價值工程，即運用價值工程是提高新產品功能的有效途徑。

1. 提高功能，同時降低成本

　　產品競爭中最有力的武器是「價廉物美」，物美就是質優。作為消費者最希望獲得價廉物美的產品，這就要求企業既提高產品功能，又能降低產品成本，同時，企業在新產品設計或舊產品更新換代時，要大膽創意，突破常規，採用新技術、新材料、新方法。

　　日本佳能照相機製造公司，為了提高市場競爭力，提出了要發展一種功能好、價格低廉的新產品。通過市場調查，他們瞭解到顧客對相機的理想的要求：35mm 快門速度優先式、單鏡頭自動曝光、

自動過片、連拍、自動報警，配閃光燈時光圈快門自動調節、體積小、重量輕、售價 8 萬日元左右。為此，他們建立了產品開發組，進行了產品功能分析。經過分析，決定採用 3 項技術：

⑴利用大型積體電路，用微型電子電腦來自動調節光圈和快門，實現自動曝光，代替原來的電晶體電路。

⑵提高零件精度，實現無調整裝配和自動裝配。

⑶外殼改用工程塑料，減少加工、減輕重量。在設計中，規定了成本目標，強調在預定的成本範圍內實現相機的各部份功能。圖紙設計出來後，依據圖紙估算成本，如有超過，進一步改進設計。

經過反覆的功能──成本的探索，設計出了 AE-1 型照相機，實現了功能優、價格廉的目標。其實際效果為：

· 使用大型積體電路，實現了自動曝光等一系列功能，減少機械零件 300 個。

· 用電子電腦精確計算並合理分配零件與孔距的公差。

· 採用精密衝壓與機械加工，實現了部件內部以及部件間的無調整裝配，並向自動裝配邁進了一大步。

· 使各部件具有獨立的功能，部件的功能和精度檢驗合格後即可組裝，提高了功能的可靠性和質量的穩定性。

· 開發研製工程塑料，使其在強度、彈性、外觀和手感方面，都達到或超過了金屬外殼的功能，重量減輕 50%，大大簡化了技術。

· 售價比同類產品低 20%。

· 以強勁的競爭力暢銷國內外。

2.保持功能不變,降低成本

對於質量穩定、改進型新產品開展價值工程,主要是找出過剩功能部份,採用可行的代用品,代用材料或新技術,在保持功能不變的前提下,降低成本,提高產品價值。

某公司曾應用價值工程對其生產的洗衣機產品進行改造。他們將洗衣機的蓋圈用一種新材料代替,既保證了蓋圈原來的功能,又降低了成本。他們選擇了質量較好、成本較低的電機,且修改了風扇輪的尺寸,因而單是取消防水板零件,這項改革就使每機節約11.82元。他們通過16個項目的價值分析,在保持洗衣機功能不變的情況下,每台降低成本達47元,使產品售價降低了25%左右。

3.保持成本不變,提高功能

用戶都希望所購買的產品功能好,且價格便宜。因此,企業在保持成本不變的前提下,通過改進技術、材料、擴大和提高產品功能,以提高產品價值。例如,照相機生產企業過去生產的「自動調焦放大機」,只能放大135膠捲,通過價值分析,用7.5釐米鏡頭,代替5釐米的鏡頭,就既可以放大135膠捲,又可以放大120膠捲,功能增加,但成本保持不變,深受顧客歡迎。

4.稍增加一些成本,大幅度提高功能

盒式住宅多是清一色的平屋頂。頂樓住戶遇雨怕漏,夏天熱、冬天冷。因此,即使頂層售價便宜,仍不受歡迎,成為銷售難題。如何改變這種困境呢?把部份住宅屋頂改為各戶獨用、自成格局、又能與鄰里相通的屋頂花園,頂層住宅成了最受青睞的搶手貨。

5.稍微降低功能,較大幅降低成本

在不嚴重影響必要功能的前提下,適當降低一些次要功能,較大幅

度地降低成本，這也能提高價值。但這種情況只適用於低檔產品，特別是一次性使用的產品。對於大多數產品，採用這種方法要特別慎重。

第三節　新產品造型的設計和選用

一旦新產品構思發展成為產品概念和品牌概念以後，新產品開發就進入到產品設計階段。新產品設計階段是新產品概念的具體化階段，具體包括新產品的造型設計、質量設計和品牌設計 3 方面內容。其中造型是新產品的外觀，質量是新產品的內涵，而品牌就是新產品的臉譜。

一、注重新產品的外觀

任何一件產品留給消費者的第一印象首先是它的外觀，即產品的造型，新穎、別致的產品造型常給消費者留下深刻的印象，也是誘導消費者產生購買慾望的敲門磚。產品造型是產品形式的依託，任何產品都離不開這個依託。離開了這個依託，對於挑剔的消費者來說產品就沒有了吸引力，新產品的市場命運將會受到直接影響。

產品的造型以人類使用所需的功能為目的，而功能的發展，又進一步要求造型更加完美。每一個產品，既是實用器物，又是美化生活的裝飾品。

按幾何圖形設計的襯衣領、線條柔和的飲料瓶、流線型汽車、

攪拌器、刮鬍刀、縫紉機、打字機、照相機、髮卡、咖啡壺、香煙盒、香水瓶、收音機、飛機……20 世紀是「產品的世紀」、「式樣的王朝」。就像超現實主義者勃勒東所說：「20 世紀創造了驚人的美，設計是 20 世紀的一面鏡子」。

工業特徵是一項設計的基本特點，設計與不斷推動經濟和社會生活的技術革命有著密切關聯。因此，設計者所尋求的一直是和諧的式樣：既方便使用，又能提高產品銷量。

把物品推崇為人類不可分離的夥伴是與文明的存在有密切關係的。很久以來，物品所起的首要作用是工具。由於工業革命的發生，物品的產生又有了一個新的基本條件：為銷售而生產。產品與生活質量的關係越來越密切，因此其主要特徵應該是方便、實用和協調。

產品造型設計必須堅持實用與審美相結合的原則。只有實用而又美觀的產品才能滿足消費者的心理需求。因此，要在產品的圖案和線條等方面下功夫，並以此作用於其相關材料，以便導出想像創造的意象，發揮綜合的造型能力，使得整體造型格調一致。構成產品造型有四個方面的主要因素：圖案、韻律、配套和諧的比例。

產品造型是通過點、線、面限定了空間的立體形象，構成了產品的基本輪廓。當產品作為視覺意識捕捉而映入眼簾時，可以說產品的造型都是由點、線、面構成的。兩個點、一條線、一個面都能賦予產品很強的藝術表現力，從而引起消費者心理反應和聯想，使消費者對產品產生一種特殊的形象和形式的美感，以便達到宣傳、推銷的作用。

1.點的性質和作用

在可視的範圍內，點的概念是通過具體的視覺對比而形成的。

造型中的點有大小之分，有整體與局部之分。如服裝上的扣子、組
合櫃上的拉手、居室的燈飾等，它們是局部，是點，是相比較而言
的。移動的汽車上，有局部的車燈、反光鏡，它們都是點。在造型
中的點也可有多種多樣的，可以是圓形、方形、三角形，也可以用
不規則的形狀來表現點。線上的兩端、折曲的地方、交叉點、等分
點處，也能感覺到點的存在。在多角形的角頂可以感覺到點，而對
於圓或正多角形來說，其中心就暗示著點。點是造型的出發點，是
最基本的組成部份，是其構成的要素。點雖小，卻是豐富多彩的。
點的大小、位置安排得好，就能使整個造型有美的感覺，安排不好
就會破壞整個造型的美。

點很靈活，隨著位置、空間、距離、大小、多少、明暗的變化
而活動範圍極廣。不同的排列組合會有不同的效果，產生千姿百態
的形式變化。隨著點的疏密關係時而密集、時而疏散，就會有不同
的力度感；通過點的大小就會產生遠近感，通過點的移動還會產生
運動感和節奏感；點的不規則排列會產生混亂感。因此，通過點的
各種組合可以表現出不同性格和風格的造型。產品造型設計中可根
據點的這種特性，對點進行合理安排，同時在外形的構圖上利用不
同色彩的點來進行美化。美國「甲殼蟲」汽車的外觀設計就是「點」
的巧妙運用，那嬌小玲瓏的外觀以及永無止境的創新精神，使人們
對它愛不釋手。

點是注意中心，它能引導人們的注意力，發揮視覺中心作用。
在產品造型中要強調焦點(也稱興奮點)，若能把點用活，可以起到
畫龍點睛的作用。辟如萬綠叢中一點紅、項鏈墜等，都能給人以非
常突出的感覺。這就是點顯示出來的能量，它能引導人的視線，從

- 193 -

而產生趣味感。

點還起著定位與平衡的作用。點的分佈就像天平上的砝碼,多一點或少一點都直接影響視覺的平衡。

點在造型中的突出作用是裝飾,所謂點綴就是小的裝飾。在產品造型中沒有點綴,就顯得單調而不夠美;如果裝飾太多,會使人的視線無從著落。因此點綴常用於均衡之中,如果運用得體,可以起到錦上添花的作用。

2.線的性質和應用

點的移動成為線,線是點的運動軌跡。作為點和點的連接也暗示著線。在面的交界和交叉處也能看到線。線是平面構成的基礎,在平面上塑造產品形象,線就是產品的結構和骨架。線是產品造型設計的基本手段,也是構成東方藝術最突出的特徵之一。線本身的曲直轉折,不斷地完善塑造產品的視覺結構。直線可以形成正方體、長方體等造型,曲線可以形成球形、圓柱形等造型。形因線而立。線有著極其豐富的藝術表現力,可以表現粗獷、奔放,也可表現精緻、文雅。線條還能充分體現出產品造型的節奏和韻律。通過線的集合、疏密和方向使產品有進深感或立體感。

線是產品輪廓的基本構成。線的形態有粗細、長短、剛柔、虛實、曲折之分。種類有直線、曲線和折線之分。點朝一定方向進行移動就形成直線,其移動方向不斷變化時則成為曲線,折線是經過一定距離後改變方向的線。它們性情各異,其功用各有千秋。明確線的性質,可以提高構思不同形式的能力,通過線的排列組合和變化,就能誘導出豐富多變的造型。

直線因放置的位置不同而發生變化,會引起人的種種不同感

覺，特別是視覺的方向性，不同的線條有不同的內涵，其不同之處如下：

⑴垂直線，引導眼睛由下而上運動，給人以剛直、矯健、挺拔、莊重、穩定、威嚴、堅實等感覺。

⑵水平線，如同風平浪靜，有安定、平穩、和平感。

⑶斜線有動盪、活潑、激動、靈活、不安定的效果，斜線可用於表示事物品質上升下降或數量的增加減少。

直線粗細長短不同，也會引起不同感覺，短而粗的線顯得笨拙，細而長的線顯得秀氣。直線可以產生四角有棱的樣式，便於批量生產，可以用最簡單的手段產生最大效果。

曲線具有自然、順暢、連續、柔和與流動的特點，因而被公認為最美的線。用在產品造型上顯得活潑、新穎，因而與近代的生活情感密切。飛機、汽車、船舶、冰箱、烤箱、縫紉機、自來水筆，等等，都採用了曲線型。平緩的曲面，可以在任何光照下表現出輪廓線的流暢和面的光潔。

曲線用於女性產品的造型上，好比音樂的旋律，有節奏地起伏著，可直接引起視覺上的快感。曲線有韻律、自然、愉快感，它體現著動態美，能夠引導眼睛去追逐無窮的變化。產品造型設計中採用曲線的例子是很多的。傢俱和家用電器的四角或面與面的結合處往往製成弧形，給人以自由活潑、輕鬆自如的曲線美感。玻璃、塑膠、搪瓷器皿也是如此。真正的方方正正、四棱四角的器皿是不多見的。

折線急轉，給人以鋒利、起伏、緊張、驚愕、狂亂感。折線表示轉折，有指導方向的作用，能引起視覺注意。

如果線條運用得當，就可發揮「揚長避短、遮缺增美」的功能。豎的線條能引導視線縱向移動延伸，產生縱長的感覺。這一性質運用到服裝線條中，能使身材較矮的人顯得修長。橫粗線條相隔較疏時，其視覺效果是稍顯呆板但有粗壯感，用於長而瘦的人可增加壯實感。弧形紋衣料，如果兩條弧線向中心突出接近，可以產生中心部份收縮的錯覺，具有「細長」的效果，如果將兩條弧線移開增加其間距，就會使人感到衣服的幅度有所增加，好像體形增胖，適宜於較削瘦的人。用 45 度的斜線作為服裝分割線，會產生順著斜線方向移動的動態效果，可以引開人們對某些不勻稱部位的注意，因而具有彌補不勻稱體形的效果。垂直線與水平線相配合的衣紋，既統一又有變化，給人以穩重平衡的感覺。

3.面的性質和應用

線的移動成為面，面是線的運動軌跡。產品的立體造型就是面移動的軌跡，是個多面體。面分有機形和幾何形兩大類。

有機形是指自然界中各種有機物的形態（蝴蝶、昆蟲、鳥類、熱帶魚等動物形態及花卉、樹葉、果實等植物形態）。在產品造型設計中經常採用類比方法。模擬的原型再現，不是原封不動的抄襲原型，而是以原型為階梯，通過創造性思維再造原型，可以得到意想不到的效果，「妙在似與不似之間」。對自然界生物模擬的新興綜合學科——仿生學，在這方面發揮了巨大作用。如飛機的造型就是人類模仿鳥類形態的特徵而產生的。

大自然為產品造型提供了取之不盡、用之不竭的藝術源泉。有意識地模仿動物、植物、果實及海浪等自然形態，把自然形態移植在產品造型上，使產品能表達一定的思想或具有某種象徵作用，以

豐富多彩的產品造型給人以自然美感。例如模仿蜻蜓的造型，發明
了直升飛機；模仿魚眼結構，創造了 180 度視角的攝影鏡頭；模仿
魚類外形，創造了魚雷。表現在服裝、服飾上的實例也很多的，如
鴨舌帽、燕尾服、蝙蝠衫等。

　　在新產品開發中，可以利用自然界中的各種自然形，如流動的
雲、複雜的地形、各種各樣奇異動物和植物的形態中，創造出美的
產品造型。一般來講，有機形更容易使人產生親近感。因為人類長
期生活在自然界中，其審美感受到自然有機物潛移默化的影響。有
機物的造型自由活潑、富有生命力，但這種抽象手法設計的產品造
型，一般來說較難大量生產。因為有機形在大自然中由於外力和內
抗力的均衡，必然產生具有平滑曲線的外形，因此曲面太多，生產
技術製造就有難度。

　　幾何形是以純粹的點、線、面為基本素材，用幾何元素去表現
產品的造型。幾何形具有數理性和邏輯性，視覺上給人理智、統一
的明快感，同時也具有機械的生硬冷漠感，缺乏生動感和自由感。
幾何形主要分單形和複形兩大類。

　　單形中圓形、三角形、四邊形是三大基本單形。圓形在造型藝
術中是出現最早的一種形象，最初代表太陽，象徵生命和氣息。日
用產品中各種器皿的造型，陶、瓷、玻璃以及塑膠、不銹鋼等製成
的碗、杯、瓶、壺、鍋、盤等，均採用圓形。因為圓形能以最小的
週邊構成最大的容積，省料、便於成型、適用性強，易於為視覺器
官所接受而產生舒適感，又因圓形與人手、口接觸的部位光滑而產
生舒適感，所以圓形作為最合理的典型的造型，有單純、統一、均
衡、對稱的美感，給人視覺心理上以穩定、舒適、完美的感受。單

純化是造型美的重要特徵。從視覺資訊傳達來說，人們在短暫的視覺感受中，難以接受複雜的形象，只有簡單的視覺形象，才能給人以強烈有力的視覺衝擊，造成引人入勝的審美強度。

圓形具有永恆的魅力，以圓形為特徵形象的產品標記更是不勝枚舉。三角形也比較單純、簡練、大方、醒目，適合作商標、標誌使用；四邊形(正方形、長方形、菱形、梯形、平行四邊形等)比較對稱、莊嚴、穩重。不同的四邊形也有不同的審美感覺：如正方形有端正嚴格之感；菱形有輕快之感；長方形如果採用「黃金分割」比例，有和諧悅目之感。四邊形是生活用品中最常見的造型，因其適合於生活習慣而廣為應用。如傢俱(床、桌、椅、櫃等)、家電(冰箱、電視機、洗衣機等)、文化用品(書本、文具盒等)的造型均採用四邊形。包裝盒採用四方形，由於它具有一個向上的寬闊的平面，能使平面裝飾獲得較好的美化和宣傳效果。複形是由兩個以上的單形所組成的形態，比單形更顯豐富多彩：如扇子為三角形加圓弧而成；採用八角宮燈形的包裝盒比四邊形新穎有立體感，並具有民族特色。

總之，只有最能達到目的和效果的產品造型，才是最合適的。

二、注重新產品的韻律表現

在產品造型設計中，通過藝術構思而形成的有組織有規律的往復循環、交替出現的和諧運動稱為韻律。如一把齒距相等的梳子，產生了像鐘錶一樣往復循環、均勻有效的韻律。產品造型通過構圖的強弱、虛實、空間造型的大小、疏密來表現造型美，猶如音樂中

節拍的強弱或長短、音響的輕重、緩急、交替出現而且符合一定的
規律形成韻律美。產品造型必須強調韻律美，它是形成產品外觀美
的一個不可忽視的藝術手法，能給產品帶來強烈的藝術感染力。

　　服裝的韻律美是由服裝造型輪廓上的線條、打褶、鑲邊、紐扣、
飾物等重覆排列的變化形成的。女裝上隨風飄蕩的領口裝飾帶、纖
細秀麗的腰帶、玲瓏剔透的花邊、輕盈活潑的多層皺褶等，具有含
蓄、輕鬆、纖細、恬靜、婉約、淡雅的韻律感。百褶裙有生硬銳利
的韻律；喇叭裙有柔軟、輕盈的韻律；男裝上下垂直結構的衣片、
挺括硬襯的衣領、豎直線條的衣身、門襟、橫線條的平下擺等，則
具有剛勁、粗獷、穩重、灑脫、豪放的韻律感。

三、注重新產品的配套和諧

　　配套和諧就是多樣的統一在產品造型中，兩個以上的要素相互
關聯的程度一樣，從內容上看沒什麼不一致，則可稱為和諧。風扇
葉旋轉起來是圓的，風扇罩就設計成圓形，圓形配圓形，就很和諧。
如果把風扇罩改為三角形或方形，就不融洽，就破壞了產品造型的
和諧美。在整個畫面中，各種產品造型不能完全割裂處置，要相互
配合協調，形體相近似的相配，構成整體美。圓桌配圓凳，方桌配
方凳，就有和諧之美；圓桌配方凳，方桌配圓凳，彼此形體不相近，
就不配套、不和諧，影響美觀。

　　相似或類似的形體配置在一起，顯得十分和諧。如大長方形中
套小長方形，大圓形裏放小圓，大正方形中裝小正方形或者橢圓中
套圓形，六角形接在內圓上有著共同的中心，反映出協調感，在整

體上產生一種溫柔和緩相接的融洽，給人以舒適的感覺。但這不是絕對的，古代銅錢外圓內方，象徵著原則性與靈活性的緊密結合，它們可以互為補充，彼此調劑，也給人以和諧的感覺。

服裝和服飾的造型也應配套和諧。比如，首飾作為商品可以當作獨立的東西來對待，但是當消費者把它戴在身上時，首飾就變成了消費者全身整體的一個局部，首飾的造型要與服裝的造型相匹配，要伴隨著服裝造型特徵的變化而變化。因此，成套首飾的造型設計應以服裝的造型為依據，使出現在禮服上的首飾精緻而考究，出現在便裝上的首飾簡潔而大方，出現在牛仔裝上的首飾則是粗獷而奔放的。

在產品造型中，為了使用方便或其他原因，不可能總是那麼和諧，這就需要利用形形色色的曲線來軟化與調和，使原來不和諧的形體變得和諧起來。如卡車車輪是圓的、車廂是長方體的，顯得不很和諧，於是將車頭設計成流線型的，一方面可以減少空氣阻力，提高速度，節省燃料；另一方面可以利用車頭的自由曲線來軟化與調和形體結構上的矛盾，使整個形體變得和諧悅目。在產品造型上，屬於細節的問題很多，有時需要通過調整使整體配合協調。例如每個人的臉型不同，可以通過服裝衣領的調整，使整體配合協調。

在產品造型上形狀相似程度過高，感覺上會覺得不活潑、缺乏變化，容易使人厭倦而失去趣味，因此其中必須有一些對立的形狀。例如，服裝整體線條太柔和時，可在某一部份採用生硬線條調整一下，這樣比全部使用彎曲的軟線條有趣味性，效果更好。

四、注重新產品的比例及其塑造

　　比例是指長與寬、整體與局部之間的尺度關係、數量關係，是產品不同部份在整體中的佔有率。比例就是在比較時的對比之感，用極佳的比例製造出的造型就優美；比例是尺寸之間的關係，使尺寸關係上達到美的統一，被稱為比例美。比例關係的破壞和失調，就會導致產品造型美的消失。要實現造型美，就必須要有良好的比例關係。任何產品都是由不同的點、線、面組成的，各種點、線、面的大小、長短、寬窄、高低、多少，就構成種種複雜多變的比例關係。因此比例恰當的造型就具有美感，不恰當的造型就沒有美感。

　　產品造型的外觀美，不能只簡單地看成是造花樣、擺彩飾等單純外表問題，而應把易於使用、結構合理放在首位。比例一定要使造型與功能緊密聯繫。例如茶杯的比例美要與飲茶相結合；冰箱冷凍室小就不大實用，因此加大冷凍室，使冰箱比例更完善、結構更合理；傢俱的比例要考慮實用、舒適，桌、椅的造型要考慮人機工程學；即新產品設計必須適合人的各方面因素，以便在操作上付出最小的代價而獲得最高效率。概括地講，人機工程學對新產品的設計作用主要體現在以下 3 個方面：

　　　　在設計新產品的造型時，考慮「人的因素」提供人體尺度參數，使新產品與人體測量相一致。使產品造型能夠符合人的生理及心理的需要，即實用、方便、舒適、安全、高效率。

　　　　例如桌子的設計，必須按桌高 80 釐米左右、椅高 45 釐米左右這一人體坐姿最舒適的高度來進行。椅子的形狀要符合人體坐勢的

曲線，尺寸要符合人體工作和生活的要求，符合人的舒適感和審美感。鞋跟的高低也應從舒適、美觀和行動方便一致的前提下考慮。

燈具的造型必須考慮人的視覺對光照的適應能力。床頭燈用於寢後照明，形狀宜小，亮度宜弱；吊燈用於全居室照明，裝飾作用強，形狀宜大，光度宜強。各種家用電器、日用陶瓷器皿以及化妝品、洗滌劑容器的造型，必須按人手的形態以及手與產品接觸的方式來考慮，以達到方便拿取，不易滑落，開啟省力，傾倒方便。

為新產品開發中新產品的功能合理性提供科學依據。如果不考慮人機工程學的原理與方法，只是單純物質功能的創作活動，那將是創作的失敗。因此，如何最大優化地解決產品與人相關的各種功能，創造出與人的生理、心理機能相協調的新產品，這是今後產品設計中在功能問題上的課題。一般在考慮產品中直接由人使用或操作的部件的功能時，都是以人機工程學提供的參數和要求作為設計依據。

為進行人—機—環境系統設計提供理論依據。人機工程學在研究人、機、環境三要素本身特性的基礎上，不單純著眼於個別要素的優良與否，而且將使用產品的人和所設計的產品及人與產品共處的環境作為一個系統來研究，其系統總體的性能要由該三要素相互作用、相互依存的關係來決定，人機系統設計理論正是利用三要素間的有機聯繫來尋求系統的最佳參數。這不僅為產品設計開拓了新的設計思路，並且提供了獨特的設計方法和有關理論依據。

產品造型美總體特徵的構成因素，表現在圖案、韻律、和諧、比例等方面。由於這些因素的匹配，表現出造型的不同特點、個性以及人們對事物的體驗、感受的不同。從藝術效果講，追求產品造

型，使產品造型變化多樣，導致對產品所構成美的總體特徵進行了歸納，即產品的「華麗」、「渾樸」、「秀雅」、「雄奇」、「精緻」、「粗獷」等類別總體特徵，使人們產生各種情感。

第四節　新產品的命名

如果說質量是新產品的內在潛質，那麼品牌就是新產品的臉譜。

開發新產品，不僅要確保新產品的造型、質量，而且要為新產品設計一個吸引人的臉譜，即品牌。新產品開發人員要與營銷人員密切配合，通過市場調研瞭解新產品的市場環境，為新產品設計出新穎別致的品牌，以贏得目標市場上消費者的青睞。

產品品牌是一個複合概念，它由品牌名稱、品牌標誌、品牌包裝、品牌顏色等要素構成。

所謂產品的名稱，就是該產品的屬性和核心利益組合而成的一種辭彙表述，不是產品的品牌，也不是產品的企業名稱，更不是產品核心利益的代名詞。如何瞭解產品名稱和如何給產品命名，是企業對該產品市場的最初定位的結果。

有了產品的名稱，還要有產品的個性化識別元素，那就是產品的商標，也就是產品的品牌。

給產品命名包含兩方面的內容：一個是產品的名稱，另一個是產品的商標。在為了產品的商標去想一個好名字的同時一定不要忽略產品名稱的重要性。

利用產品名稱進入市場，要考慮該市場的需求潛量和方式。許

多企業產品市場的潛在需求有限，競爭不是很激烈，所以它們會採用以產品的名稱進入市場；也有些是為了節省進入市場的費用，但它們所採用的產品名稱通常是既有利益，又有效果的。

一、產品品牌的名稱

產品的品牌就是產品的註冊商標，是產品在未來市場上生存的識別符號。利用產品的品牌進入市場，可以獨立為自己劃定應得的市場空間，市場不易被其他的產品瓜分。但產品商標的獨立性需要在市場上單獨進行識別和塑造，以讓市場認知並產生好感，這就需要投入時間和資源。容易識別和記憶的商標可以節省推廣的時間和資源，所以，商標認知和創造的原點就是如何創造一個容易識別和推廣的商標。

1. 產品商標的命名方法

⑴聯想法

· 先按照產品的利益結果尋找可能匹配的名詞。

· 找出該產品的定位人群，讓其能聯想到該產品的品牌。

· 總結一定量的品牌名詞進行其他的比較。

⑵記憶法

· 抽選一定人群對總結出來的辭彙進行感性感受。

· 把不同人群的感受進行歸類、匯總。

· 把獲得最多認可的辭彙挑選出來。

⑶比較法

· 把挑選出來的辭彙拿給一些陌生的消費者挑選。

- 確定消費者選出的那些辭彙都屬於什麼樣的產品。
- 根據挑選出來的詞匯和產品讓更多的消費者進行好感比較。

⑷其他命名方法

- 根據平仄關係命名，以方便記憶。
- 根據尾音命名，以便感覺大氣或響亮。
- 根據吉祥度命名，以引起消費者的好感。
- 根據好感及民俗命名（如好、佳、冠、金、皇等字眼）。
- 根據時代流行語言命名。
- 根據產品的聯想命名。
- 根據諧音命名。
- 根據日曆上的黃曆命名。

2.產品品牌名稱取名流程

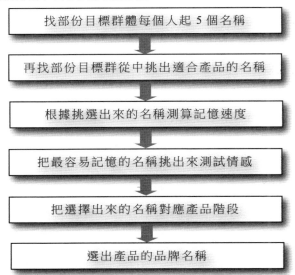

找部份目標群體每個人起 5 個名稱

再找部份目標群從中挑出適合產品的名稱

根據挑選出來的名稱測算記憶速度

把最容易記憶的名稱挑出來測試情感

把選擇出來的名稱對應產品階段

選出產品的品牌名稱

二、品牌設計表現的要求

產品品牌在市場中的表現特別重要，因為品牌的中文字形是有其含義的。中國的文字屬於象形文字，字形能反映出該文字所能表達的內容。對於品牌來說，文字就是品牌的具體表現和展示形式，而一個品牌的內涵是多方面的，針對某一個產品來說，產品的屬性、利益、特點和品牌之間的聯繫正好可以透過文字的形狀表現出來。

1.感性產品品牌的文字表現

⑴文字應儘量避免用很嚴肅的黑體或者很端莊的宋體字，通常情況下都採用變形藝術字體，如「可口可樂」的商標設計就是一個感性化的品牌設計。

⑵文字的變形不是想怎麼變就怎麼變的，要考慮到產品的特點和產品所帶來的結果。比如，「飄柔」洗髮水帶來的結果是秀髮的飄逸，產品的文字也要表現得飄逸起來；而一個減肥產品的品牌就不能把字體做得很寬。

⑶要考慮產品品牌的對象。如果產品針對的是女性，品牌要柔美一些；如果針對的是男性，品牌要剛毅一些；如果是針對兒童，品牌要活潑一些，同時要兼有一些跳躍感。

⑷品牌還可以通過產品的屬性進行表達。比如，一個產品是固體的，要有固態的感覺；是液體的，就要有液態的聯想。

2.感性產品品牌的色彩表現

⑴品牌可以考慮消費者的情感，如春、夏、秋、冬的色彩是不同的，消費者的感受不同。產品也要有對應各個季節的色彩表現，

如冷氣機多採用冷色系的,而食品大多採用象徵秋天豐收的橘黃色。

⑵色彩不能過度按照產品的利益結果進行對接。雖然冷氣機大多採用藍色,但食品就有很多的不同。消費者選擇冷氣機的時候是理性選擇的,同時理性中帶著感性的接受成分;而消費者對食品的要求就有所不同,消費者在選擇食品的時候是感性選擇、理性接受的,所以,食品的品牌色彩可以利用感性的接受方式進行表現。

3.理性產品品牌的文字及色彩表現

⑴理性產品的品牌文字一定要有理性的表現。一個藥品的品牌不能太飄逸,也不能太活潑,而且要具備嚴肅性,因為消費者要從品牌的表現上體會出產品的態度。

⑵一個工業產品也不能像快速流轉品那樣去與消費群體的情感進行對接,因為工業產品的客戶大多是通過理性的分析,然後才能接受你的產品。所以,需要採用一些比較規範的文字和比較理性的冷色進行處理。

⑶理性產品品牌的文字可以表現出產品的利益或結果,但這個產品一定要有滿足感性需求的內容。比如,一個汽車的品牌,可以表現出快速,富有動感,也可以表現出品質,因為汽車是慾望、權利和富有的象徵。所以,很多汽車用一些故事和可以體現或能提高形象的方式來處理這些文字。

⑷色彩和產品的功能、利益有直接的關係,許多產品還注意其帶來的好處所能體現的色彩。

⑸一些產品注重民族情感和文化內涵的表現,這些表現大多存在於一些不是針對消費者個體的產品身上。

三、新產品命名的原則

新產品開發者在為新產品命名時，一般應遵循以下原則：

（一）易讀、易記原則

對新產品名稱的命名最根本要求就是易讀、易記。新產品名稱只有易讀、易記，才能高效地發揮它的識別功能和傳播功能。如何讓品牌名稱易讀、易記呢？這就要求企業經營者在為新產品命名時，要做到以下幾點：

1.簡潔。名字單純、簡潔明快，易於和消費者進行資訊交流，而且名字越短，就越有可能引起顧客的遐想，含義更加豐富。大多知名度較高的產品名稱都是非常簡潔的，這些名稱多為 2～3 個音節，如 BMW、SONY、Kodak 等。產品名稱的字數對產品認知有一定的影響，產品名稱越短越有利於傳播。

2.獨特。名稱應具備獨特的個性，力戒雷同，避免與其他產品名稱混淆。如日本新力公司（SONY），原名為「東京通信工業公司」。本想取原來名稱的三個字的第一個拼音字母組成的 TIK 作名稱。但產品將來要打入美國，而美國的這類名稱多如牛毛，如 ABC、NBC、RCA、AT&T 等。公司經理盛田昭夫想，為了企業的發展，產品的名稱一定要風格獨特、醒目、簡潔，並能用羅馬字母拼寫。再有，這個名稱無論在那個國家，都必須保持相同的發音。

遵循上述觀點，盛田昭夫查了很多字典，發現拉丁文中「SONUS」是「SOUND」（英文，意為「聲音」）的原型；另外「SONNY」一詞非常流行，是「精力旺盛的小夥子」、「可愛的小傢伙」之意，正好有

他所期待的樂觀、開朗的含意。同時，他又考慮到該詞如果照羅馬字母的拼法，發音正好與日文中的「損」字相同，這將引發不利的品牌聯想。突然，盛田昭夫靈機一動，將「SONNY」的一個字母去掉，變為「SONY」。「SONY」即是「JSOUNS」的諧音，又有「SONNY」之意，簡直太棒了。盛田昭夫將「SONY」作為公司生產的所有產品的註冊商標，並將公司名稱由「東京通信工業公司」改為「SONY 公司」，這一名稱不僅使 SONY 公司財運亨通，也成為消費者愛不釋手的名牌商標。

3.**新穎**。這是指名稱要有新鮮感，趕上時代潮流，創造新概念。如柯達（Kodak）一詞在英文字典裏根本查不到，本身也沒有任何含意，但從語言學來說，「K」音如同「P」音一樣，能夠給人留下深刻的印象，同時「K」字的圖案標誌新穎獨特，消費者第一次看到它，精神常為之一振，這就更進一步加深了消費者對 Kodak 的記憶。

4.**響亮**。這是指新產品名稱要易於上口，難發音或音韻不好的字，都不宜用作名稱。例如，健伍（KENWOOD）音響原名為特麗歐（TRIO），改名的原因是 TRIO 音感的節奏性不強，前面「特麗（TR）」的發音還不錯，到「O」時，讀起來便頭重腳輕，將先前的氣勢削弱了好多。改為 KENWOOD 後，效果就非常好。因為 KEN 與英文中的 CAN（能夠）有諧音之妙，而且朗朗上口，讀音響亮。WOOD（茂盛森林）又有短促音的和諧感，節奏感非常強，二者組合起來，確實是一個特別響亮的名字。

5.**高氣魄**。這是指新產品的名稱要有氣魄、起點高、具備衝擊力及濃厚的感情色彩，給人以震撼感。如海蓉貿易公司為了使其生產的服裝打入國際市場，參與世界競爭，公司決定改名。通過對幾

個方案的比較，最後決定用「卓夫」作為產品和公司的名稱。「卓夫」是英語「Chief」的音譯，英文含義為首領、最高級的（名詞或形容詞）；中文含義為「卓越的大丈夫」。中英文合二為一，演繹出一種高雅、俊逸，不同凡響的風格和意境。如同設計者所講：「作為產品，它是高級、高檔、高質的象徵；作為企業，它是卓越、領先、超眾的代表。」

（二）暗示產品屬性原則

新產品名稱還應該暗示產品的某種性能和用途。例如「999 胃泰」，它暗示該產品在醫治胃病上的專長。類似的還有「草珊瑚含片」等。一個顯而易見的問題是，名稱越是描述某一類產品，那麼這個名稱就越難向其他產品上延伸。因此，企業經營者在為新產品命名時，勿使新產品名稱過分暗示產品的種類或屬性，否則將不利於企業的進一步發展，產品名稱也因此而失去了特色。這類品牌較著名的有「美國聯邦捷運」（Federal Express）、「去飛風箏」（Go Fly a Kite）等。

（三）啟發聯想原則

這是要求新產品名稱必須有一定的寓意，讓消費者能從中得到愉快的聯想，而不是指消極的產品聯想。例如，下列產品名稱能讓人引發相關的品牌聯想：

「市民」（Honda´s Civic）：符合一般居民的經濟條件，價格不高；耗油小，污染少；適合在城市內駕駛，停車容易。

「海飛絲」：控制頭屑。

「玩具—R—我們」（Toys-R-us）：可愛的玩具，滑稽可笑。

相反，有的產品名稱起得不好，容易引起人們的反感，甚至引

起法律糾紛。

例如，在中國河南省一家食品廠曾為其生產的火腿命名「少林」牌，廣告語為「少林功夫無敵天下，少林火腿名揚中華」，給人造成一種錯覺，似乎少林寺的和尚們與火腿有著某種聯繫。產品上市後，引起了少林寺僧人的不安和宗教界人士的關注，最終將該食品廠商訴諸於法庭。

樟腦在澳大利亞有很大市場，但是某品牌樟腦由於使用了「兔牌」名稱，其在澳大利亞的銷售卻受到了影響，因為澳大利亞人討厭兔子。澳大利亞的大草原是得天獨厚的羊毛生產基地，因而，當地人十分重視牧草的繁殖。而草原上成群的野兔每天都要吃掉大量的牧草，成為當地的一大公害。澳大利亞人為了消滅這些兔子付出了很大的代價，但仍未根除。一看到「兔牌」的商標，立刻就聯想到成片被啃光吃盡的草場，生氣之餘，誰還會購買「兔牌」產品呢？

（四）支援標誌物原則

新產品標誌物是指新產品的品牌中可被識別但無法用語言表達的部份，如可口可樂的紅白標誌，萬寶路的英文字體，麥當勞醒目的黃色「M」以及賓士的三叉星環等。

標誌物是企業經營者命名的重要目標，需要與新產品名稱聯繫起來一起考慮。當新產品名稱能夠刺激和維持新產品的標誌物的識別功能時，也就加強了新產品品牌的整體效果。例如，當人們聽到「蘋果」牌的牛仔服時，立刻就會想起那只明亮的能給人帶來好運的蘋果，這樣「蘋果」這一品牌在消費者心目中就留下了根深蒂固的印象。

（五）適應市場環境原則

新產品名稱對於相關人群來說，可能聽起來合適，並產生使人愉快的產品聯想，因為他們總是從一定的背景出發，根據某些他們偏愛的產品特點來考慮該產品。但是，一個以前對它一無所知的人第一次接觸到這個名字時，他會產生怎樣的心理反應呢？這就要求新產品名稱要適應市場，更具體地說要適合該市場上消費者的文化價值觀念。

文化價值觀念是一個綜合性的概念，它包括風俗習慣、宗教信仰、價值觀念、民族文化、語言習慣、民間禁忌等。由於不同的地區具有不同的文化價值觀念，因此，新產品開發人員要想使新產品進入新市場，首先必須入鄉隨俗，取一個適應當地市場文化環境並被消費者認可的名稱。

不同的地區，在文化上具有很大的差別，如同樣的植物或動物，具有不同的象徵意義。例如，熊貓在許多國家很受歡迎，是「和平」、「友誼」的象徵，但在伊斯蘭國家或信奉伊斯蘭教的地區，消費者則非常忌諱熊貓。仙鶴在中國與日本都被視為長壽的象徵，而在法國則被看成是蠢漢或淫婦的代表。菊花在義大利被奉為國花，但在拉丁美洲有的國家則把它視為妖花，只有在送葬時才會用其供奉死者；法國人也認為菊花是不吉利的象徵。菊花牌電風扇如果出口到這些國家，銷售前景必然黯淡。

有一種出口產品的商標叫「芳芳」，如芳芳牙膏、芳芳唇膏等系列產品。「芳芳」的音譯是「Fang Fang」，它在英文中的意思有「Long sharp tooth of dogs and walves」（狗和狼的長而尖利的牙齒）、「Snakes poisontooth」（毒蛇的牙）。這樣的產品躲還來不及呢，

更不用說買了。

　　鑑於此，新產品開發人員應本著適應性原則，在為新產品命名時，要把眼光放遠一點，給新產品起一個走遍世界都叫得響的名字，這樣才有利於商品的發展。

（六）受法律保護原則

　　新產品開發人員還應該注意，絞盡腦汁得到的產品名稱一定要能夠註冊，受到法律的保護。要使新產品名稱受到法律保護，必須注意以下兩點。

　　1.**該產品名稱是否有侵權行為**。新產品開發人員要通過有關部門，查詢是否已有相同或相近的商標被註冊。如果有，則必須重新命名。美國有一種叫「伊莉莎白—泰勒熱情牌香水」投入市場後，銷售非常好，但其連鎖專賣店發展到第 55 家時，就被迫停賣。因為它的一家競爭者的產品叫「熱情香水」，對方向法院起訴。最後「伊莉莎白—泰勒熱情香水」不得不改弦易轍，重新命名，原先的廣告促銷活動也付之東流了。

　　2.**該產品名稱是否在允許註冊的範圍以內**。有的產品名稱雖然不構成侵權行為，但仍無法註冊，難以得到法律的有效保護。如 1915 年以前德國商標法規定僅有數位內容的商標是不可能註冊登記的。新產品開發人員應向有關部門或專家諮詢，詢問該產品名稱是否在商標法許可註冊的範圍內，以便採取相應的對策。

第五節　新產品的圖案設計

據考古學家發現，早在西元前 79 年，就有產品圖案出現，如在古羅馬的龐德鎮，用色彩在外牆上畫壺把，表示是茶館；畫有牛的地方表示牛奶店或牛奶廠；畫有常春藤的是油房；畫有石磨的是麵包店等。

據考證，產品圖案真正出現是在 19 世紀中期。由於生產力的迅速發展，產品種類日益增多，有必要通過產品品牌來使不同企業生產的產品區別開來。例如，在美國，最早期的品牌發起者是專門賣藥的生產商。產品命名的真正發展始於南北戰爭後，那時，全國性的企業得到了發展。至今在美國市場上依然存在著一些早期的品牌，如博頓牌煉乳、魁克牌麥片、凡士林和象牙牌肥皂等。

新產品的圖案是指新產品的品牌圖案，例如，白酒品牌上的那棵茂密的大樹和農家水井，駱駝牌香煙上的埃及金字塔、椰樹和樸實的駱駝等。

一、產品圖案的概念與作用

產品圖案是指產品品牌中可以被識別，但不能用言語來表達的部份，也可以說它是產品的圖形記號。如可口可樂的紅顏色圓柱曲線、萬寶路的英文字體、賓士汽車的三叉星環、麥當勞的黃色「M」以及迪士尼樂園的富有冒險精神、正直誠實、充滿童真的米老鼠等。

　　產品圖案與產品名稱都是構成完整產品品牌概念的要素。產品圖案本身能夠創造新產品認知、新產品聯想和消費者的產品偏好，進而影響新產品體現的質量與顧客的產品忠誠度。

　　1. 產品圖案能夠引發產品聯想，尤其能使消費者產生有關產品屬性的聯想。例如，標致（PEUGEOT）汽車的獅子圖案，它張牙舞爪、威風凜凜的獸中之王形象，使消費者聯想起該車的高效率、大動力的屬性。美國普魯登舍爾公司產品上的直布羅陀岩石圖案，給人以力量、穩固的感覺。

　　2. 產品圖案能夠促使消費者產生喜愛的感覺。風格獨特的圖案能夠刺激消費者產生幻想，從而對該產品產生好的印象。例如米老鼠、快樂的綠巨人、康師傅速食麵上的胖廚師、凱勃勒小精靈以及駱駝牌香煙上的駱駝等。這些圖案都是可愛的、易記的，能夠引起消費者的興趣，並使他們對其產生好感。而消費者都傾向於把某種感情（喜愛或厭惡）從一種事物上傳遞到在與之相聯繫的另一事物上。因此，由於產品圖案而使消費者產生的好感，在某種意義上可以轉化為積極的產品聯想，這非常有利於新產品開發人員開展市場營銷活動。

　　3. 產品圖案是公眾識別新產品的指示器。風格獨特的產品圖案是幫助消費者記憶的利器。例如，當消費者看到三叉星環時，立刻就會想到賓士汽車；看到大的「M」字標誌時，就想到美味的雞翅與漢堡；在琳琅滿目的貨架上，看到「兩隻小鳥在巢旁」，就知道這是他們要購買的雀巢咖啡（Nestle），等等。檢驗產品圖案是否具有獨特性的方法是認知測試法。即將被測產品圖案與競爭產品圖案放在一起，讓消費者辨認。辨認花費的時間越短，就說明圖案的獨特性

越強，反之亦然。一般來講，風格獨特的產品標誌會被很快地找出
來。

二、新產品圖案的設計原則

新產品圖案的設計，應遵循以下原則：

（一）簡潔鮮明原則

新產品圖案不僅是消費者辨認產品的途徑，也是提高產品知曉
度的一種手段。產品圖案在設計上其圖案與名稱應簡潔醒目，易於
認知，易於理解和記憶。同時還要求設計風格特色鮮明、新穎，使
圖案具有獨特的風格和出奇制勝的視覺效果，易於捕捉消費者的視
覺，以引起注意，產生強烈的感染力。

有不少產品的圖案，線條繁雜曲折，讓人眼花繚亂，不得要領，
非常不利於發揮它的圖案功能。因此，在設計時要正確貫徹簡潔鮮
明的原則，巧妙地使點、線、面、體和色彩結合起來，以達到預期
的效果。為了便於啟迪產品圖案設計的研究思考，下列扼要介紹一
下一些圖形所代表的特徵。

直線：果斷，堅定，剛毅，力量，有男性感。

曲線或弧線：柔和，靈活，豐滿，美好，優雅，優美，抒情，
纖弱，猶疑，有女性感。

水平線：安定，寂靜，寬闊，理智，死亡，大地，天空，有內
在感。

垂直線：崇高，肅穆，無限，悲哀，寧靜，激情，生命，尊嚴，
永恆，權力，抗拒變化的能力。

斜線：危險，崩潰，行動，衝動，無法控制的感情與運動。

參差不齊的斜線：閃電，意外事故，毀滅。

鋸齒狀折線：緊張，壓抑，痛苦，不安。

螺旋線：升騰，超然，脫俗之感。

圓形：圓滿，簡單，結局，給人以平穩感和控制力。

圓球體：完滿，持續的運動。

橢圓形：妥協，中和，不安定。

等邊三角形：穩定，牢固，永恆。

（二）獨特新穎原則

產品圖案是用來表達企業或產品的獨特個性，又是以此為獨特標記，要讓消費者識別出獨特的品質、風格和經營理念。因此，在設計上必須別出心裁，使圖案具有特色，個性顯著，使消費者看後能留下耳目一新的感覺。創立於 1977 年的蘋果電腦公司的經營者之所以將公司命名為「蘋果」，是由於圓形的蘋果——象徵著簡單而圓滿之意；產品的圖案是一個被咬掉一大口的紅蘋果，反映出公司的經營宗旨，即要發展一切易於掌握和使用的電腦，既新穎又獨特，給消費者留下了深刻的印象。

（三）準確相符原則

準確相符是指新產品圖案的寓意要準確，產品名稱與圖案要相符。產品圖案要巧妙地賦予寓意，形象地暗示，耐人尋味，這樣才有利於擴大新產品的知名度。太陽神口服液的圖案就充分體現了準確相符的原則。該產品圖案由圓和三角形構成，圓是太陽的象徵，代表健康、向上的企業經營宗旨；三角形則是太陽神 Apollo 的首寫字母，體現了經營者不斷進取的精神和以人為本的經營理念。用紅、

白、黑三種色彩組合成強烈的整體色彩反差，體現出了企業蓬勃發展、充滿朝氣的精神面貌。

（四）優美精緻原則

優美精緻原則是指新產品圖案造型要符合美學原理，要注重造型的均衡性，使圖形給人一種整體優美、強勢的感覺，保持視覺上的均衡，並在線上、形、大小等方面作造型處理，使圖形能兼具動感及靜態美。勞斯萊斯汽車公司的第一任總經理克勞德‧約翰經過多次研究，賽克斯決定以「飛翔女神」為其圖案，而且以氣質高雅的埃莉諾‧索恩頓小姐為女神原型。埃莉諾小姐身材修長，體態輕盈，淡金色的長髮，深藍色的眸子，小巧而尖挺的希臘鼻子無不顯示出美的旋律。以她為模型的「飛翔女神」代表著「靜謐中的速度，無震顫和強勁動力」。克勞德將她稱為「雅致的小女神」、「欣狂之魂，她將公路旅行作為至高的享受，她降落在勞斯萊斯車頭上，沉浸在清新的空氣和羽翼振動的音樂聲中」。

（五）穩定適時原則

新產品圖案要為消費者熟知和信賴，就必須長期使用，長期宣傳，在消費者的心目中紮下根。但也要不斷改進，以適應市場環境變化的需求。有的圖案用得過久，已不能與時代的步伐合拍，其發揮的作用也就大打折扣了。

日本花王公司的月亮圖案，就隨著時代巨輪的轉動，不斷地改進。自 1890 年創業至今，共有 7 次重大的變化。從改進的軌跡來看，顯示出越靠近現代，越符合現代人的感受。

第六節　新產品的包裝設計

一、新產品包裝的概念

著名市場營銷專家菲力浦‧科特勒認為:「包裝是指設計並生產容器或包裹物的一系列活動。這種容器或包裹物被稱為包裝。」在這裏包裝有兩方面的含義:⑴包裝是指為產品設計包裝物的過程。⑵產品包裝是指產品外在的包裹物。產品美麗的外衣只不過是這一動態過程的結果。因此,新產品包裝就是指為某一新產品設計、製作容器、包裝物的各項活動。

新產品包裝通常分為 3 層:⑴基本包裝。即產品的直接容器,如裝有可口可樂的瓶子;⑵次級包裝。它是產品基本包裝的保護層,如用來包裝瓶裝可口可樂飲料的硬紙盒;⑶運輸包裝。它是指為了儲存、運輸和訂貨的外加包裝。

新產品包裝由以下要素構成:

1. **商標**。商標在包裝上佔據突出的位置。

2. **形狀**。包裝形狀不僅要有利於搬運、儲存和陳列,而且也要有利於產品的銷售,要符合目標市場上消費者的審美習慣。

3. **顏色**。顏色是新產品包裝中與銷售刺激聯繫最緊密的要素之一。顏色的選用要隨社會意識的變化而變化,要符合目標市場文化背景的需求,更重要的是使底色的運用、色調的組成和調配能突出新產品的個性,加強新產品的特徵。

4.**圖案**。包裝就像產品的貨架廣告，而圖案就如同該廣告的畫面。新產品包裝上的圖案除了更清楚、易理解外，還要突出品牌定位。

5.**材料**。開發和選用新型材料是包裝設計中的一項經常性的重要工作。一種新型包裝材料的開發有時可以使處於衰退期的產品得到新生。

二、新產品包裝的作用

一些營銷人員將包裝（Packaging）稱為市場營銷中的第 5 個 P（前 4 個 P 分別為價格 Price、產品 Product、地點 Place、促銷 Promotion）。

確切地說，包裝是企業競爭策略中的一個要素，沒有包裝就沒有品牌，沒有品牌就無法開展市場競爭。新產品開發人員將處於符號化階段的新產品品牌名稱、品牌圖案等表示在包裝上，並使它們協調搭配，就有利於企業開展市場競爭，有利於提高新產品的品牌資產價值。

包裝最初的作用是保護產品、方便運輸。隨著市場經濟的不斷發展，包裝已成為企業強有力的營銷手段。設計良好的包裝不僅能為消費者提供便利，而且也能為企業經營者創造促銷價值。

（一）有利於顧客自我服務

過去的銷售方式，店員對顧客的服務態度是非常重要的。如果態度不好，就會給顧客留下不良影響，或者因為店員服務過度殷勤，反而使顧客猶豫不決，不輕易決定購買，這種情形，即使現在也依

然如此。以戰後美國為例，因為僱傭關係的不平衡，店員數目日益減少，為彌補店員人手的不足，自我服務的趨勢越來越盛。有人曾經這樣說：「包裝被重視的主要原因，是營銷制度逐漸走向自我服務的途徑，因此這種趨勢是不可避免的。」

昔日擺放在顧客與產品之間的櫃檯，如今已成為阻礙產品與顧客之間的關係更加密切之物。顧客喜歡挑選自己喜歡的產品，以決定是否購買。換句話說：超級市場的生意逐漸興隆，自助的時代已經到來。包裝所負的使命，也愈益加重。有人說：「好的包裝代替了推銷員。」因此，包裝必須執行許多推銷任務。它必須能吸引消費者的注意力，說明產品特色，給消費者以信心，形成一個有利的整體形象。

（二）有利於企業在市場競爭中樹立良好的品牌形象

新產品開發人員已越來越意識到設計良好的包裝，能為新產品在市場競爭中贏得競爭優勢。以百事可樂為例。百事可樂公司除了在推出低卡路里、無咖啡因和顏色不同的可樂上下功夫外，最近幾年又把重點放在新的紙箱、瓶子和罐子上。

美國的消費者現在可以買到新的 24 罐紙板包裝「方塊」、12 盎司瓶裝開瓶後可再封瓶的「小百事」、8 盎司罐裝的「迷你百事」和 1000CC 瓶裝「大開口」。

目前，美國人平均每年喝的碳酸飲料約 48 加侖。但是，軟飲料銷售的年增長率已經從 20 世紀 80 年代的 5%～7%，減少到 90 年代的 2%～3%。除了經濟不景氣和氣候因素外，代替性飲料如冰紅茶、果汁風味飲料和蘇打水等的盛行也是增長減緩的原因。

飲料業慣用低價促銷來對付不景氣，但是要長期以低價維持高

增長率，事實上是非常困難的。因此，包裝在擁擠的市場中的重要性便越來越突出。在包裝策略上，跨國飲料公司似乎英雄所見略同。百事可樂、可口可樂和其他飲料公司基本上都遵循兩種策略：一種是所謂的「專屬包裝」，就是經由飲料的容器來增添產品的座標和形象，可口可樂曲線玲瓏的玻璃瓶就是一個例子；另一種策略則是「特定形式的零售包裝」，例如在商場裏出售的 30 罐和 60 罐包裝飲料。

　　百事可樂也從這兩種策略入手，即供應幾種不同容量的軟性飲料，然後分別給它們取名字，各賦予一種形象或獨特的圖案，以滿足特定的消費者。例如，「大開口」有一個誇張的大罐口，其設計訴求是那些激烈運動後極為口渴的人；「迷你百事」則是針對無法一次喝完 12 盎司可樂的人而設計的。

　　過去的 14 罐包裝不但不好拿，紙盒一旦開封後，罐子便會滑出來，而且在搬運途中容易損壞紙盒表面的印刷。「方塊」包裝則是把罐子垂直疊起來，而非水平排列，這樣可以有效防止罐子滑出，同時，紙盒還附有較窄的提把，方便提起和攜帶。據百事可樂公司說，接受調查的人中 88%喜歡這種新的包裝。

　　法國「嬌蘭」並非是時裝起家的化妝品牌，卻經營出一般化妝品牌少見的貴氣。走一趟嬌蘭化妝品專賣店，就不難體會到「嬌蘭」所訴求的精緻質感及高格調品牌形象。

　　創立於 1828 年的「嬌蘭」，一百多年來始終為家族企業經營模式。當年由年輕的醫師兼化學家皮納‧弗朗索瓦‧巴斯卡從一家小店賣香水開始發展，由於對品質的堅持及完美的追求，事業迅速出現耀眼的成績。

　　1853 年推出的「帝王香水」還曾榮獲拿破崙三世賜予御用香水

之名。皮納‧弗朗索瓦‧巴斯卡則被指定為皇室人員的香水專家。

　　此後，一百多年來，嬌蘭的香水王國不斷發展，總計推出 300 多種香水，至今仍在銷售的還多達 100 多種。經典、浪漫、豐富的香水之外，嬌蘭的彩妝也有不錯的成績。

　　其主要的原因，除了嬌蘭彩妝的絢麗多彩外，還特別講究包裝的精緻設計。幻彩流星粉盒及唇膏以及景泰藍包裝，襯托了色彩的絢爛及使用者的尊貴。其他系列的彩妝產品，也十分注重由包裝到質感的整體設計，希望化妝品看來如同珠寶錦盒般的精緻華麗。

　　同時，設計良好的包裝有助於消費者迅速辨別出那家企業或那一種產品。例如，膠捲購買者可以立即識別出為人熟悉的黃顏色包裝的柯達品牌。

（三）為新產品開發人員提供了創新的機會

　　包裝的創新給消費者帶來了極大的好處，也為新產品開發人員帶來了利潤。例如，牙膏氣壓式配量器已佔領了美國 12%的牙膏市場，因為對許多消費者來說，使用這種包裝可減少擠牙膏把手弄髒的次數，並且操作方便。美國切斯布拉夫——旁斯公司（Chesebrough-Pouds）在推出了新包裝的愛指甲（Aziza）牌指甲上光筆後，指甲上光筆的總銷售額提高了 22%。目前，制酒商正在試驗拉蓋式罐頭和紙盒袋裝等包裝形式，以吸引消費者的注意力。

三、新產品包裝設計應遵循的原則

　　俗語說：「人要衣裝，佛要金裝」，產品要講究包裝。產品是否由於優美的包裝才能賣出去？常有人對此置疑。在超級市場尚不普

及的國家，新產品的命運仍取決於銷售管道系統化的程度、廣告宣傳的強度等因素，但從整個趨勢而言，要想使新產品成功，必須講究包裝。因為「新產品成功率＝產品設計×新產品推廣的質和量的函數關係」，而產品設計包括了包裝設計。新產品包裝設計應遵循以下原則。

（一）保護產品原則

保護產品、方便使用是對新產品包裝的最基本要求。新產品包裝不僅能夠保護產品的外觀不受損壞，而且還要保護產品的內在質量不受破壞。產品的內在質量是指產品的物理、化學性質，其中有些是用肉眼看不到的。有的產品包裝不錯，從外觀上看起來產品完好無損，但其內在質量已發生了變化。因此，新產品包裝要確保產品從製造廠到消費者之間在運輸、儲存、陳列的各個流通環節中保持產品外觀與內在質量的完好。如消費品的保鮮、不變質，工業品的不損壞和不腐蝕等。另外，就是確保產品不會被誤用。

（二）方便使用原則

包裝還必須使顧客從決定購買到使用產品這一時期內，更方便的攜帶、搬運、存放和正確的使用。對那些生活中經常使用、反覆使用的產品，為顧客提供攜帶、保管和使用的方便條件，就會提高他們的品牌忠誠度，使他們成為回頭客。有些罐頭食品大多採用封閉式鐵皮包裝，開啟時特別困難，嚴重影響了顧客的購買慾望。相反，可口可樂、雪碧等飲料都採用拉環式開啟包裝，飲用時輕輕一拉即可，非常方便。這在無形中就增加了這些新產品的競爭力。

20 世紀 80 年代初期，出口到美國的對蝦採用 25 公斤的紙箱包裝，既不美觀也不利於銷售，一般美國家庭不會一次就購買一箱對

蝦。美國商人乘機以較低的價格將大批對蝦買進，然後用透明的玻璃紙盒將對蝦 2 個一盒或 4 個一盒進行包裝，並在對蝦身上繫一條紅絲帶，分別給它們命名為「情侶蝦」和「家庭蝦」。改換包裝後對蝦的價格，是原包裝等量對蝦價格的幾十倍，但在美國市場上仍然很快就被搶購一空。

（三）突出個性原則

產品個性化，是市場經濟發展的必然產物，新產品要具有一定的個性才能在同類產品中脫穎而出，也才能留給消費者深刻的印象。這就要求新產品開發人員通過包裝將新產品的個性充分體現出來，即要通過包裝物的形狀、顏色和色調、配圖以及包裝材料的設計和選用來突出新產品內在的特徵。新產品包裝在突出個性方面要注意以下幾點：

顏色是包裝最有力的工具之一。通過對消費者眼球活動狀況進行調查，結果顯示：在各種包裝因素中，消費者對色彩的反映最為敏感。

三角形和其他有夾角的圖形一向引人注意。消費者的視線易為三角形吸引，但並不等於說他們喜歡三角形。最顯眼的顏色是黃色，但某些產品的包裝一旦用上黃色就會產生相反的效果。

柔性形狀例如圓形和橢圓形都象徵著完美、接納和包容，是多種包裝的根本，因為這類形狀具有正面含義。但若用它們來突出新產品的個性，就必須和別的形象符號相互配合使用。

例如，「汰漬」（Tide）洗衣粉包裝物上的同心圓與粗體字形成對比，美國石油公司（Amoco）產品包裝上的橢圓形用一個火炬分開，並填上公司的名稱。

　　化妝品容器具有與產品同樣的「高級感和夢境般的魅力」。以香水為例，有一種叫「齋浦爾」的香水外形酷似結婚手鐲。「齋浦爾」的名稱取自印度拉賈斯擔邦首府齋浦爾。在那裏，人們將結婚手鐲贈給未婚妻是為了保護她們免遭毒眼的窺視，因為迷信的人認為被這種眼睛看了就會倒楣。而著名的「米斯‧阿佩爾斯」香水瓶是按照尚未琢磨過的不對稱的鑽石的樣子澆鑄的。

　　法國聖路易牌香水產生於 1992 年，隨後每年出一種新產品，產品上註有使用期限，並用 4 種彩色水晶玻璃瓶裝。1994 年的瓶子有點像墨水瓶，拙樸典雅，氣味清香，大眾人群都可用。從 1992 年以來，著名設計師瑪麗‧克洛德‧拉利克每年都創造出一套香水瓶子，並將它們編了號碼。人們可以發現這些瓶子充分體現了拉利克的個性：光亮、自然、陰柔等，如瓶子上刻有金銀花、女神、茉莉花。其中女用型拉利克香水瓶給人的印象極深，瓶子上有花、果的圖案，並附有龍涎香和香子蘭的芳香。

　　在古埃及和羅馬，妖豔的女人都戴著散發香氣的護身符。在中世紀，她們在腰上或頸上掛著香袋，這種香袋是用貴重金屬製作成球形的，用來盛龍涎香、麝香或松香。亨利四世的情婦埃特雷曾有兩條加香料的金鏈、一個散發多種香水的手鐲和一些充滿香氣的扣子。受此啟發，法國伊夫‧聖洛朗公司用鏈條和水晶玻璃製作了 1000 條項鏈，每條項鏈上繫著一個香水瓶。這種與眾不同的產品已被收藏者競相搶購，其售價最高竟達 2000 法郎。有的企業還推出戒指香水瓶和手鐲香水瓶。

　　化妝品製造商還復活了文藝復興時期由義大利穆拉諾的一位工人發明的一種玻璃製品，他在玻璃珠子裏裝滿香水，用染成黃金色

或白金色水晶玻璃製作項鏈。其實，這些都是香水瓶。婦女戴上這些飾物，稍微一動就會散發出一股清香。

（四）新穎別致原則

據統計資料表明，一個消費者在超級市場購買產品時，在每個貨架前平均只停留幾秒鐘。因此，顧客在很短時間內不可能看完貨架上的全部產品。要使顧客在短時間內對某一新產品產生興趣，新產品開發人員必須深思熟慮，把產品的魅力，直率地表現在新穎別致的包裝上。

以可口可樂的瓶子為例，19 世紀末的一個週末，美國一家制瓶廠的工程師魯德，看到女朋友穿著一套膝蓋以上部份較窄，使腰部顯得很有魅力的裙子。他突發奇想，如果製成形態像這條裙子的瓶子，線條一定會非常柔美。經過半個月的研製，他終於設計出了這種瓶子。1923 年，可口可樂公司花了 600 萬美元買下了魯德的這項專利，並一直沿用至今。這種瓶子有 3 個特點：①外觀別致新穎，線條柔美流暢。②握著瓶頸時，瓶子不易滑落。③瓶子中間突出的部份給人一種豐滿的感覺，感覺裏面所裝的液體看起來更多一些。

包裝要講究新穎別致，但是也要考慮費用。包裝費對新產品開發人員來講是可觀的，有時可能達到產品成本的 30%。美國社會學家克洛德· 德格雷斯成立了一個工作小組，以瞭解女性消費者對新產品包裝的要求。婦女對大眾化產品的包裝的要求可概括為以下 4 點：

1. **包裝簡樸**。婦女希望產品的包裝更加簡樸。她們對傳統的包裝又產生了興趣，如雞蛋狀的糖果包裝、玻璃瓶包裝、磚塊狀包裝，但是這些包裝已採用了現代技術。簡樸不等於節約。德格雷斯說：「理想的包裝材料是原始材料，如玻璃、木材、皮革。」

2.**包裝透明**。內容重於包裝。德格雷斯說：「婦女要求產品包裝透明，就是希望知道包裝內的產品是真是假以及它的分量。」這類產品使用的包裝材料是透明塑膠、拋光玻璃紙等。

3.**廢品回收**。注重環保的風尚導致了這種與女性消費習慣不大協調的強大趨勢，雖然她們讚賞包裝廢品回收的措施，但也承認，一個充滿了注重生態包裝的產品的超級市場是很淒涼的。

4.**現代性**。體現內容的包裝，如散發著咖啡氣味的包裝，使用的包裝材料是較為先進的陶瓷和經過氧化處理的鋁等。

新產品開發人員在設計新產品包裝時，也要考慮上述 4 點，使包裝真正成為品牌的充滿魅力的臉譜。

（五）小包裝原則

現在消費品的包裝變得越來越小，看看超級市場就很清楚了：原來充滿貨架的又笨又大的盒裝洗衣粉被小型超濃縮肥皂取代，裝清潔劑的塑膠罐換成了可折疊的袋子等。

長久以來，產品包裝都是越大越好。很多的價值觀念強的消費者認為，購買大包裝的產品比較合算。但是，重視環境保護的消費者施加了越來越大的壓力，加之超級市場貨架空間的競爭，原材料價格、生產成本和運輸費用的提高，引起了一場大規模的縮小包裝的運動。因此，在設計產品包裝時應遵循小包裝原則，以順應市場發展趨勢。

隨著企業環保計畫逐漸成熟，新產品設計技術的逐步發展，銷售商正縮小包裝材料和產品，採用替換包裝。例如，吉列（Gillette）剃刀公司取消了產品的外盒，這樣每年可節省 400 萬磅卡紙；柯達公司把製造膠捲盒的塑膠減少了 20%。工業觀察家估計，超濃縮洗衣

粉及纖維軟化劑 3 年內將逐漸取代非濃縮產品。

四、新產品的包裝方式

　　不同產品的包裝方式是有區別的，有些是產品的內包裝，有些是外包裝；對於不同的產品來說，有些是為了把產品包裝起來運輸方便，有些是因為產品的屬性必須要包裝才能存在。總之，產品的類別和運輸方式可以改變包裝，產品的展示和推廣也需要改變和創意包裝的形式。產品包裝主要是指產品可以展示的包裝，這主要是營銷的市場行為當中針對消費者的需求和購買方式而設計的包裝內容。

（一）包裝要考慮的內容

1. 包裝設計的市場要求

· 需要考慮消費者接受時的情感需要。

· 不同產品的情感需要是不一樣的。

· 理性產品和感性產品是有區別的。

· 理性產品的色彩要冷靜。

· 感性產品的色彩要偏向熱烈。

· 兒童產品的形狀色彩要活潑。

2. 包裝設計的展示要求

· 適合在賣場的展示。

· 適合品牌的突顯原則。

· 適合賣場的生動化。

· 符合該產品的售賣行為。

3.包裝設計的服務要求

‧ 方便購買和運輸。

‧ 符合人性化要求。

‧ 有符合要求的文字註解和說明。

4.包裝設計的物流要求

‧ 適合管道的運輸。

‧ 適合倉儲。

‧ 符合成本。

‧ 適合裝卸。

5.包裝設計的推廣要求

‧ 要具有衝擊力。

‧ 要體現推廣的主體色彩。

‧ 形狀應該符合產品的概念理解。

‧ 要能說明產品或者有產品圖片。

‧ 品牌名稱要佔據主導位置。

‧ 是產品的理念體現，是消費者情感凝結的焦點。

（二）包裝是市場認知的原點

案例：

在很多產品的市場推廣行為當中，可以看到很多以包裝作為原點的例子。比如，「可口可樂」的包裝色彩是紅色的，所以，「可口可樂」在推廣的行為當中全部採用紅色：在電視廣告中採用紅色，在市場終端賣場的所有視覺展示行為全部採用紅色。作為品牌來說，沒有色彩之分，企業選擇什麼樣的色彩進行推廣都是以包裝的色彩作為視覺原則的。「可口可樂」的紅色在視覺的傳達上非常有感

性化的色彩和視覺衝擊力。對於消費者來說，企業所有的市場行為都是為了讓消費者把情感凝結到自身的產品身上，而最直接的體現方式就是包裝，因為消費者是以包裝作為發洩情感的目標的。

一個產品的包裝體現的是產品要傳達的內容，同時是要讓消費者把凝結的情感因素發洩到包裝身上，從而達成產品的銷售。所以，產品的概念、賣點等諸多因素要在包裝上體現出來。所謂包裝是市場的認知原點，就是說，產品的品牌和理念傳達要以產品的包裝作為傳達的基礎。比如，一個產品的包裝是綠色的，整體的推廣和給消費者的感覺都應是以綠色為基調，同樣，文字和語言的傳達也是如此。

包裝色彩的另一個作用就是幫助進行推廣，因為包裝本身就是一個資訊傳播的載體，包裝在賣場的展示和活化作用，激發了消費者的購買慾望。

（三）不同產品類別的包裝形式和要求

不同的產品包裝採用的展示方式是有區別的，感性產品多採用感性一些的色彩處理，而理性的產品就應該採用理性的方式。但應該注意的是，所有的產品一旦到了市場的成熟階段都具有感性的因素和成分，讓我們很難判斷。通常來說，判斷依據是該產品的市場密集程度和消費者的購買頻率，購買頻率快的產品需要讓消費者情感接受的成分更大一些，而購買頻率慢一些的產品，需要我們處理得更加理性化一些。

案例一

食品、飲料等產品的購買頻率是很快的，消費者在選擇這些產品的時候，情感接受的成分較大，所以，應該處理得更加感性化一

些。這裏的感性化不僅僅是色彩，還包括設計的圖案方式等。比如，飲料中的即飲產品碳酸飲料就是為了解渴，所以要有感性化很濃的味道；而飲料中的果汁產品是為了補充營養而不是純粹的解渴，就需要在感性行為當中有些理性的成分。

案例二

對於藥品來說，消費者在購買的時候更注重的是產品是否可以帶來功效，而不是情感上的接收利益，所以，藥品的包裝要體現產品的品質和嚴肅性，不能過於活潑。

案例三

電器產品是購買頻率比較慢的一種產品，消費者在選擇這類產品的時候，存在更多的理性成分，他們會更關注產品的品質和服務，所以包裝的服務功能和品質是消費者體會產品品質和服務的第一道工序。因此，市場上很多品牌產品的包裝都很講究，包裝的品質也是比較好的。

（四）包裝要適合市場的接受習慣和方式

包裝不是以企業是否喜歡為前提，而是由市場的需求方式和習慣來決定的。從市場習慣來說，有些產品是針對男性的，有些是針對女性的，它們是有區別的。從需求方式來說，任何一個產品都存在著感性接受的成分，但購買的產生必然又存在理性分析和論證的結果。包裝的色彩和訴求語言要符合消費者的購買習慣，才能有效地把產品的利益和市場準確對接。

案例

有一類產品叫果茶。第一個果茶出品的時候，把產品外包裝瓶的上口都用錫紙給裹了起來，而且選擇了一個上面小下面大的瓶

型。第一個做出果茶的企業把該產品的包裝作了一個定位，以後的果茶產品都是採用這個瓶型，並在上面都裹上錫紙。還有餵奶的奶瓶，多少年來包裝也不會輕易去改變，因為消費者已經習慣了這個包裝形式，你可不要輕易地改變，如果你去改變，你就要承擔重新教育市場的責任。

心得欄

第 11 章

新產品的試製

　　新產品概念經測試並設計完畢後，就應該著手試製新產品，確定新產品是否適應企業的發展目標，如果它們能符合，那麼新產品概念就進入產品開發的實質階段，即生產階段。

第一節　新產品的試製

　　如果新產品概念經過分析，證明它確實能豐富企業的產品線，適合目標市場上消費者需要，就應該將新產品的圖紙、原始模型或者文字描述移交給企業工程部門，使這種理想的產品轉化為現實的產品，並將它投放到目標市場上，接受消費者的檢驗。

　　新產品構思概念分析之後，就應把這種概念轉變為現實的產品，進入試製階段。只有在這一階段，文字、圖表及模型等形式描

述的產品設計才轉變為現實的產品。在這一階段，應該搞清楚的問題是：產品概念或品牌概念是否轉變為技術上和商業上可行的產品。如果不能，所耗費的資金則全部付諸東流。

在新產品的試製階段，應該由企業的工程技術部門來負責技術方面的監督，監督內容具體包括：

1. 新產品造型設計方面的落實。

2. 材料與加工分析。

3. 價值工程分析。

4. 新產品的環保性能設計。

由新產品經理和營銷部門負責新產品試製商業方面和市場營銷方面的監督，監督的內容具體包括：

1. 新產品的品牌設計。

2. 新產品的標誌物設計。

3. 新產品的包裝設計。

4. 新產品的種類設計。

如果經過開發、試製出來的新產品符合下列要求，就可以認為新產品開發是成功的：

· 在消費者看來，新產品具備了產品概念或品牌概念中所列舉的各項主要指標。

· 新產品在一般條件和正常用途下，可以安全發揮功能。

· 能在已定的生產成本預算範圍內生產產品。

當樣品試製出來以後，要判斷新產品是否適合市場的需要，還必須進行嚴格的測試。

第二節　試製品的測試

一、試製品的功能測試

　　新產品試製出來以後，必須經過功能測試。

　　功能測試在實驗室或現場進行，主要是為檢查新產品是否符合有關技術規定，技術流程是否先進，零件或成品的質量是否可靠，以及是否符合國家的有關標準等，其目的在於確保新產品的安全和穩定。例如，新的飛機必須試飛行；新的早餐必須在貨架上能長時間地存放；新藥不能產生危險的副作用等。

　　美國比塞爾公司將其開發的新產品電動真空吸塵器的組合試驗方式如下：

　　有 4 套留在研究開發部，以供繼續測試水位升高、電動機升高、清洗效果和裝塵袋的設計。另外 8 套則送給公司的廣告代理商，由他們交給 50 個家庭主婦組成的專門小組試用。研究開發部對該產品的進一步測試時，發現一些嚴重的問題：電動機的壽命不夠長，灰塵過濾袋不合適，刷把的腳也不對。同時，消費者的測試也帶來很多意想不到的不滿意見：機器太重，真空吸塵器滑行不順，擦洗器使用過後會在地板上留下剩餘物。

二、試製品的使用測試

這類測試是指將試製出的新產品，交給目標市場上的消費者，讓他們免費使用。新產品測試的目的是：

1. 發現新產品的缺點。
2. 評價商業前景。
3. 評價其他產品配方。
4. 發現新產品對各種細分市場的吸引力。
5. 為制定新產品的市場營銷計畫提供第一手資料。

新產品使用測試有 3 種基本類型。

第一類測試經常是用小樣本來完成的，往往利用便於獲得的樣本，如企業內部人員。這些初始測試是診斷性的，直接目的是消除產品的嚴重問題（例如，罐子無法裝進冰箱裏），還要大概瞭解與競爭產品相比它有那些優點。這一階段還要使公司能夠發現新產品的實際和潛在的使用情況，以便改換目標市場。員工測試通常用於食品類產品的測試。

第二類使用測試包括在規定的時間限制內的強制試用，公司提供新產品給顧客使用，要求他們做出相對的反應。最後，還要使用一個仿真購買環境。它包括假設性的「您是否會購買」的問題，或者最好包括一個實際選擇情景，其中顧客要麼選擇某一系列商品中的一種，包括新產品（通常以降低過的價格購買），要麼就選擇「買」還是「不買」這種新產品。為了得到一個有意義的結果，許多調查人員都使用了分層樣本。分層標準通常是產品大類使用率（大量使

用、中量使用、少量使用、不使用），或者是常用品牌。這種分層保證了有足夠樣本規模預測產品對關鍵細分市場的效應。

第三類是新產品使用測試的最複雜形式即產品在家庭裏（或對於產業用品而言，在企業裏），放置一段較長時間。

對於已包裝商品來說，這段時間大約為兩個月。這段時間的作用在於，其結果包含了初期期望的逐漸消失的和那些只有隨著時間流逝才會出現的問題（例如，食物變質）的逐漸發展。被調查的人要完成「之前怎樣」和「之後怎樣」的問卷，還要對在這段測試期裏每天使用新產品和競爭產品的實際情況做記錄。在測試結束前做一次實際選擇情景測試，將使結果呈現盈虧平衡的導向。

三、試製品的消費者測試

新產品的消費者測試，是請一些在目標市場上具有典型特徵的消費者試用這些樣品，徵求他們對樣品的建議，包括產品的造型、品牌、顏色以及包裝等。

例如，當杜邦公司開發新的合成地毯時，它為許多家庭提供免費地毯，作為交換條件：這些被調查者家庭必須將新地毯和傳統地毯相比較，發現它們的差異，並告訴公司他們喜歡和不喜歡新、老地毯的原因。

在測量消費者對新產品的態度時，可以使用多種方法，常見的方法是態度或偏好測量表法。下面我們舉例說明：

某公司向消費者展示 3 種品牌的葡萄酒：A 品牌、B 品牌和 C 品牌。其中 A 品牌的葡萄酒是該公司最近開發的新產品。有 3 種方法

可以測量消費者對上述 3 種品牌葡萄酒的偏好：簡單順序排列、配對比較和量表測量法。

1. 簡單順序排列法

該方法要求消費者根據自己的偏好對上述品牌進行排序。甲消費者可能排出 A 品牌＞B 品牌＞C 品牌，這種方法不能顯示甲消費者對上述 3 種品牌葡萄酒的喜愛程度，甲消費者可能對上述三種品牌都不喜歡，只是相對來說，他比較喜歡 A 品牌的葡萄酒。如果需要進行比較的葡萄酒不是 3 種品牌，而是有許多種，這種方法運用起來就比較麻煩。

2. 配對比較法

這種方法給消費者提供一組要比較的產品（或品牌），2 個 1 對，在每對中選擇比較喜歡的一個。例如，給甲消費者 3 對品牌，AB、AC、BC，甲消費者在 AB 中可能選擇 B，在 AC 中選擇 A，在 BC 中選擇 B，根據 3 對的具體選擇就可以判斷出甲消費者對 A、B、C 3 種品牌的葡萄酒的喜愛程度為：A＞B＞C。

可以看出，配對比較法的優點是：

· 兩者取一選擇偏好的方法，使消費者感到非常方便。

· 配對比較法使消費者的注意力集中在兩種產品或品牌上，能夠充分認識到產品或品牌之間的差異，提高了測試的效果。

3. 量表測量法

以 7 段量表為例。針對 A、B、C 三種品牌的葡萄酒，消費者甲的偏好程度如圖 11-2-1 所示。

根據圖 11-2-1，甲消費者對 A 品牌葡萄酒很喜歡，對 B 品牌一般，對 C 品牌不喜歡，那麼 A、B、C 三種品牌葡萄酒的等級為：A＝

7，B＝4，C＝2。我們可以獲得消費者甲喜歡 A、B、C 三種葡萄酒的次序為：A＞B＞C。並且可以瞭解到 A、B、C 三種品牌葡萄酒在目標市場上的差距。該公司開發的新產品 A 明顯優於競爭品牌 B 和 C，A 產品可以進入市場，滿足消費者的需求。

圖 11-2-1 消費者偏好測量量表

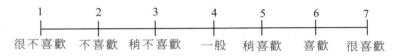

第三節　案例：新產品開發的試用報告

「主婦試用報告會議」是日本嬌生（Johnsion）公司產品開發部門推行的行銷活動，在日本實施超過了數十年的時間。這項活動主要是以家庭主婦為中心，藉著對主婦們使用產品後的意見反應調查，搜集與產品突破改良有關的原始資料，做為新產品開發或改良的參考。

一般的試用報告制度，多半是以一百到一千名消費者為調查的對象，進行市場分析、味覺測驗、及產品試用的調查工作，就調查的重點而言，較偏重於數量方面的統計，品質方面則常忽略。

嬌生公司的「主婦試用報告會議」則與一般的做法大不相同，它並非僅以主婦為調查對象，做數量繁多的調查，而是真正站在主婦本身的立場，聽取主婦使用產品後的意見與心得，經消化吸收後，做為產品改良或開發的依據。

在日常生活中，家庭主婦常會遭遇許多處理家務的難題？因而

刺激她們構思各種解決困難的方法,「主婦試用報告會議」的主要任務,便是廣泛搜集這些使用心得及建議,再由負責產品開發改良的專家,從這些資料情報中,研究分析出適當的對策,正確掌握消費者的需求。就生產管理而言,這些能充份反應消費者心聲的資料是極為寶貴的。

　　嬌生公司的「主婦試用報告會議」具有一項與眾不同的特色,即是它並非只是消極的應付消費者的需求,而是以積極的服務宗旨從事調查行銷的活動。

　　「主婦試用報告會議」具有多元化的特性,在有必要的時候,除了必須與公司內研究部門、生產部門的人員研討外,甚至還需與公司外的廣告專家、市場行銷專家討論,身負多重任務。

　　「主婦試用報告會議」組成方式是每期各以十名主婦為對象,其中又細分為 A、B 兩組,每組每月舉辦兩次研討會議,每次會議的時間約為六小時。

　　與會人員的選拔採公開徵求的方式。首先透過各種傳播媒體公佈徵求人才的消息,欲參加選拔者除了必須填寫申請表格外,還須附上約八百字的使用各種家庭用品的心得及建議,經考選委員會的過濾評審,挑選其中建議具體、資格優良的競爭者,成為「主婦試用報告會議」的組成份子。同時,考選委員會又依據個人家庭背景的不同,及其居住地區、家居型態的差異,將參與會議的主婦編為各個小組,以便求得多樣性的意見。最後委員會還必須慎重地以電話訪問做決定,因此整個選拔的程式耗時頗多,從公開徵求到考選完畢的過程,往往得花費兩個月的時間。

　　精挑細選出的試用報告者依公司的規定,必須與嬌生公司訂下

一年的契約（從每年的九月至翌年的八月）。每次會議皆由召集人預先準備一個主題，並在一個月前先通知與會人員會議的主題，一天約討論其中的四、五項方案。

整個「主婦試用報告會議」的企劃及進行，完全由召集人全權負責，另外在會議期間供給當日的午餐，會後並發給試用報告者車馬補助費及謝禮金。會議結束前並決定下次會議的日期。

召開會議的日期，原則上以與會者一致同意的日子為準，A組於前半個月，B組於後半個月，並要求必須全數出席。如果有人無法如期出席會議，則由主婦互相協調，以另外決定召開會議的日期。

每次會議的參與者除了五位主婦外，還有會議召集人及與當日會議討論主題有關的生產管理人員，有時亦請研究人員、設計人員、廣告工作者或同行業者共同參與。這些相關人員可直接參與會議的討論，或在會議室旁聽。

與會的主婦必須在會議之前先將自己的意見整理記錄，並將使用產品的心得報告詳填於特別的表格中，此表格包括使用場所、使用次數及用後效果等調查項目，讓主婦清楚地列出所有的使用狀況。會議前召集人必須預備一些機動性的討論題材，使主婦能隨時運用機智及累積的經驗，提出具創意的構想。此外，召集人必須適時掌握整個會議進行時的氣氛，避免討論陷於冷場或意見偏離主題的尷尬場面。

「主婦試用報告會議」的具體作業流程如下：

1.針對全部產品、競爭性商品及改良商品，進行使用測試，至於測試的方法，則可分為「比較使用測試」及「盲目使用測試」二種，以便統計使用效果、使用難易度的狀況，測試完成後並徵求「如

何改進」的具體意見。（註：所謂「盲目使用測試」是將產品交予主婦使用，事先不告知其產品使用的方法及功能，讓主婦自行體會，並將結果及使用感想提出報告。）

2. 將一般人對產品喜好的顏色、形狀、造型等外觀設計的資料，加以分析統計。

3. 檢驗產品的使用說明書是否淺顯易懂、清晰明白，是否有語意含混的缺點。

4. 在產品打入市場之前，預先瞭解將受大眾滿意的程度，及吸引力的強弱；即先調查消費者對該項產品的印象，再加以改良、加強。

5. 預先放映專為產品宣傳而設計的廣告影片，及介紹各種宣傳單，以調查顧客對其評價的高低。

6. 收集消費者購買趣味性產品意願的高低，及購買後的意見及感想等資料。

7. 收集嬌生（Johnsion）產品在市面上折扣戰的情報，並調查打折的商店及銷售價格。

8. 瞭解消費者在日常生活中以何種方式、在何種情況下購買產品，及如何使用等消息，並留意是否有疑問可供將來新產品開發及既有產品改良的參考。

以上便是嬌生公司「主婦試用報告會議」具體的作業程式，主婦們只須提出產品使用後的心得及改進的方法，而不必顧慮提議能否完全被採納，因為應如何將提議付諸實行，達到實際的改良效果乃是產品製造管理負責人的工作。

會議的主席若只是聆聽主婦試用報告的意見是絕對不夠的：必

須運用其機智及理解力，將對產品製造生產皆極外行的主婦所提出的問題，做一專業性的說明與分析，如此才能真正達成一位成功的會議主席所應負的任務。以下試舉一名主婦與主席間的對談以供參考。

對話內容是有關某種清潔劑的不銹鋼容器之使用報告；一名主婦在使用後，提出以下的報告：

「我在使用這項產品時，費了好大的勁，才將容器中的清潔劑擠出來，但『擠出口』那裏呈凹陷狀態，使用起來相當麻煩，最後漸漸不喜歡再用這項產品。」

主席聽了這段話應該如何運用專業知識，找出問題的癥結，分析主婦的報告呢？以下是當時主席所做的回答。

「依您所敍述的情況來判斷，我想問題在於容器的質地太過堅硬，而且清潔劑本身的濃度也太高了，才會造成使用上的不便，同時，容器構造的設計也不夠完美，您認為對嗎？」

這名主婦對於主席這番既中肯又透徹的分析，覺得十分滿意，便欣然接受了。因此，身為主席的人，必須將與會主婦表達的意見，做一歸納與分析，使對方獲得意見被瞭解的肯定感，進而對主席產生信任。總之，主席的應對技巧及機智反應，控制著整個會議的進行，是整個會議成功與否的關鍵。

召集人企劃能力的強弱，與整個會議氣氛的營造息息相關。為了避免會議的形式及內容千篇一律，因此會議召集人的任期以一年為限。

會議的內容必須時時求新求變，才能激發與會者源源不絕的創意及敏銳的感觸。例如，利用空氣清新、精神清爽的上午進行香味

測驗，在午後精神較為渙散，易於打瞌睡的時間，則做書面報告。又為了避免冗贅的報告使人感到厭煩，亦可以討論的方式代替；另外，也可請研究部門、廣告公司的專家發表專題演講。如此多采多姿、內容豐富的會議過程，才能真正獲得具有建設性、突破性的改良方案。

　　仔細聽取主婦試用報告者的意見，必可從中獲得許多重要的情報資料，也是召集人創新構想的泉源；如何由許多紛雜的資料中，抽取有價值有意義的內容，巧妙地吸收活用，對召集人而言，實在是一項智慧的考驗。因此，召集人應在會議舉辦前先與生產管理人員進行討論及溝通，以瞭解產品的開發狀況、製造方法、測試方法、使用方法及使用功能，以便在適當時機對與會者提出說明及解釋。

　　會議結束以後，會議主席還須將各項目詳細核對，做成結論。做結論時並非只將會議的過程及討論內容加以記錄即可，主席還必須站在專業觀點加以審查及考評，進而提出自己的心得感想及改進的方法。

　　「主婦試用報告會議」其實只是嬌生公司為達行銷目標而設計的一項「工具」，如何將其有效地運用，還必須靠召集人及與會者彼此的配合及努力。

　　嬌生公司「主婦試用報告會議」的制度已獲得公司肯定，並成功地完成企業界與消費者間的協調溝通工作。

第12章

新產品的試銷

在新產品正式銷售之前，有必要對其進行試銷，以瞭解目標市場上的消費者、經銷商如何反應，為制定新產品營銷方案提供客觀依據。

第一節　新產品試銷之目的

新產品正式批量生產出來以後，假如企業決策層感到滿意就可以將其投入市場，進行銷售。在新產品正式銷售之前，有必要對其進行試銷，以瞭解目標市場上的消費者、經銷商對處理、使用、再購買實際產品將如何反應，以及市場究竟有多大，為制定新產品營銷方案提供客觀依據。

一、新產品試銷之目的

進行新產品試銷的真正目的主要有兩個：

1. 掌握有益於修訂和完善市場營銷計畫的診斷性資訊

許多企業在為新產品制定營銷計畫時，計畫部門內部常會發生爭論。例如，產品包裝、價格、促銷手段的運用、試銷的目標市場等等。通過新產品試銷，營銷人員可以通過各種方法瞭解上述情況，針對目標市場上消費者的特點，及時調整和完善新產品的營銷計畫，為新產品的上市贏得競爭優勢。

2. 掌握目標市場上需要新產品的可靠數量

通過新產品試銷，企業營銷部門可以預測目標市場需要新產品的準確數量，即新產品的市場規模，為新產品的大規模生產和市場營銷決策提供依據。這方面的資料不同於那些指導早期產品開發的計畫決策的一般市場數據和可能的市場佔有率。這是一種更近一步或更具體的資料，是一個比較確切的數據。新產品營銷人員在此時要做一個有關新產品市場需求量的調查報告，系統闡述新產品面對的市場機遇和可能遇到的挑戰。

二、試銷與否的決策

雖然進行新產品試銷有上述眾多優點，但是其缺點也不能忽視，如試銷讓競爭者發現本企業新產品秘密的機會、試銷需花費費用和時間，而且試銷成功並不意味著以後的市場銷售就一定成功

等。因此，不是所有新產品都需經過試銷這一程序，新產品是否進行試銷應根據具體產品而定。事實上確有一些新產品在樣品開發完成後，直接正式上市也取得了成功。所以，新產品市場試銷工作程序中的第一步就是進行試銷與否的決策。

試銷與否的影響因素主要是投資、風險以及試銷時間和成本等。下列幾種情況新產品宜進行試銷：

①高投資、高風險的新產品值得進行市場試銷，以防止鑄成大錯。一般應將該產品失敗可能造成的風險和耗費與成功的贏利能力和目標利潤兩方面進行比較。

②該新產品大量進入市場，需要相應的管理技術，為此的投資遠遠超過試銷的投資，則也應進行試銷。

③對尚無直接替代的產品類別，尤其是工業品，市場試銷特別重要，因為顧客無從比較，不易認識產品的優越性。

第二節　新產品試銷的主要流程

1. 試銷市場的選擇

企業做出對其新產品進行市場試銷的決策後，就應該選擇合適的市場試銷。在選擇試銷市場時，企業必須認真地設計試銷條件，使選擇的試銷市場和目標市場的條件盡可能接近。現實中，許多企業一般先擬定自己的全面投放階段所需的營銷計畫，然後按縮小的規模來設計試銷計畫。

2.試銷方法的選擇

隨著經濟的發展，市場營銷專家已創造性地提出了許多用於新產品試銷的方案，其中最為常用的主要有：銷售波動測試、實驗室試銷、控制銷售以及測試市場等四種方案。

⑴波動測試

波動測試是普通家庭使用新產品情況測試的延伸，使用這種方法時，免費給消費者提供某品牌產品以供他們試用，然後以低價再次提供該產品或競爭產品。這樣，重覆提供該產品 3～5 次（銷售波），營銷人員密切關注有多少消費者再次選擇該品牌產品，以及他們對該品牌產品滿意度的評價。

銷售波動測試的優點是，確實能夠使消費者看到一種或幾種粗略的廣告創意、廣告訴求點以及廣告形式，使營銷人員觀察到廣告宣傳對消費者重覆購買的影響程度。同時它可使產品開發企業估計消費者在使用自己稀缺的資源——金錢和有機會挑選競爭產品的條件下的重覆購買率。產品開發企業還能測定不同廣告形式對消費者重覆購買行為的影響程度。此外，銷售波動測試簡便易行，實施迅速，即使是在新產品沒有被完全包裝，廣告宣傳還沒有全面展開時也可以運用這一方法。

銷售波動測試的缺點是，由於消費者是預先被選出進行新產品試銷工作的，因此，它不能表明不同的促銷活動能實現的試用率。此外，銷售波動測試也不能表明從中間商那裏得到的分銷和有利的貨架位置的品牌作用。

⑵實驗室試銷法

此法也稱為模擬商店技術。該方法要求特定商店（實驗室）裏

的被調查者通過試用新產品、與營銷人員交談、重覆購買新產品等
行為來測量消費者的購買行為。具體操作程序如下。

①在一些典型的購物中心或商場裏選擇 30～40 名顧客作為調
查對象，徵求他們對新產品的意見。

②要求他們單獨觀看一些簡短的產品電視廣告片。其中，包括
一些著名的商業廣告片和若干新片，它們的內容涉及一些不同層次
的產品。公司要推出的新產品的廣告也混在其中，為了不引起特別
注意不將它挑選出來。要求顧客事後對此做出回顧。

③分發給顧客少量的錢（根據新產品的單位價格決定），並將他
們引入到一個商店裏，該商店裏陳列著本企業的新產品。讓顧客購
買他們想要的商品，超出金額由顧客自己支付。營銷人員要注意有
多少顧客購買了本公司的新產品或競爭產品。這是衡量該新產品商
業廣告對競爭廣告有效性試驗的一個尺度。

④購物結束後，將顧客召集在一起，請他們回答買或不買的原
因。

⑤測試結束後，在顧客離開前，送給那些沒有購買新產品的顧
客一件樣品。

⑥一段時間後，以電話或者登門拜訪的形式詢問這些顧客，以
確定他們使用新產品的情況、滿意程度和再購買意圖，並激發他們
購買新產品的慾望。

⑦對得到的數據進行整理與分析。

實驗室試銷法有幾個優點，其中包括衡量試用率（延伸出去就
是重覆購買率）、廣告效率、收效速度和競爭把握。其結果通常可以
納入數學模型中，以預測新產品最終的銷售量。這就說明，用這種

方法預測新產品的銷售量，其精確性比較高。

(3)控制銷售法

　　實驗室試銷法控制了新產品的購買，而消費者的重覆購買行為則由銷售波動來控制，兩種購買行為都是在假設的條件下進行，缺乏現實生活中的真實性。而控制銷售則是在客觀條件下進行的一種新產品試銷方法。有些產品開發企業安排了一些在其控制下的商店，在給予一定費用的條件下，這些商店同意經銷該新產品。產品開發企業可以根據測試的規模確定商店的數量和銷售該產品的地點。企業按照預定計劃，將新產品交給選定的商店，並且負責安排貨架的位置、POP 廣告以及該產品的定價等。新產品的銷售結果能從貨架的動態反應上體現出來。在新產品的試銷期間，企業可以在地方媒體上實驗小型廣告的效果。

　　控制銷售的優點是，該技術中運用了真正的消費者購買行為，消費者在這類「市場」中可按正常的價格購買他們所要的真實產品，在這種情形下，收集消費者對產品的購買和重覆購買的數據的可靠性較高。因此能較客觀地估計新產品的銷售量，測試各種促銷活動及廣告對消費者購買行為的影響，而且這一切都不需動用自己的銷售團隊，不需要給予商業折讓，或者花大量時間去建立自己的分銷網路。缺點是將新產品直接暴露在競爭對手面前，同時不能為產品開發企業提供將新產品推銷給經銷商的經驗。

(4)測試市場法

　　測試市場法是全面推出某新產品時可能面臨的類似市場場面中，測試這種新產品的最後方法。它是在一個假定的具有代表性的分片市場中進行的銷售預演。測試市場是一個整體市場的縮影，並

使之對市場營銷整體規劃進行測試，因此它不同於新產品試銷的其他早期形式，它必須對市場上的所有變數予以考慮。一般情況下，產品開發企業需要與外界的市場調查公司合作，以選定少數有代表性的測試城市，企業的銷售團隊努力將新產品推銷給經銷商，並為新產品取得好的貨架位置。在這個市場裏，產品開發企業將採用類似向全國推銷那樣，展開全面的廣告和促銷活動。企業的市場測試計畫包括以下內容：選擇有代表性的城市；確定測試的期限；收集資訊；對試銷結果決策。

①選擇有代表性的城市測試

選擇有代表性的試銷市場是保證試銷有效性的前提。各區域市場的特徵差異較大，如果試銷市場選擇不當，不僅浪費時間和資金，最可怕的是產生誤導。所選擇的試銷市場應該在消費者特徵、市場特徵、廣告、分銷、競爭等方面接近新產品最終要進入的目標市場。對測試城市（或市場）的選擇不是一成不變的，要根據新產品的特點確定測試城市的標準要求，再按圖索驥。可供選擇的標準是：具有多種行業；媒體覆蓋面廣；合作連鎖店多；競爭程度中等；沒有過度測試的跡象。試銷城市一般選擇 2～6 個，評價為 4 個為宜。

②確定測試的時間期限

測試的期限主要依據產品的重購期，從幾個月到幾年不等。另外要考慮的重要因素是競爭者，如果競爭者都在湧入市場，就必須縮短測試期限。

③收集資訊

確定收集何種資訊，企業可根據資訊的價值和成本來確定。通常要收集的資訊有：新產品的銷售量、市場佔有率、試用率/重購率；

不同類型消費者的購買頻率；消費者對新產品的不同價格的反應；廣告和各種促銷活動對消費者行為的影響；消費者對產品及服務的反應等。

④對試銷結果決策

根據試銷的資訊，可對新產品是否上市做出以下決策：試用率和重購率都高，這表明消費者對新產品滿意，可將新產品投放市場。如果試用率高而重購率低，說明新產品概念受歡迎，產品實體還需改進，或放棄該產品設計。如果試用率低而重購率高，說明新產品是令人滿意的，應加強對新產品的宣傳和促銷活動。如果試用率和重購率都低，則該新產品就該捨棄。

但在實際的新產品開發中，當新產品開發人員將新產品開發到試銷階段後，決定其上市還是捨棄是一個十分艱難的抉擇，須謹慎行事。有時不可過分依賴試銷結果，需對試銷結果進行全面、深入的分析，以免出錯。對於不理想的試銷結果，可採用再次試銷或改進新產品的方法。對新產品試銷中問題的診斷至關重要。

潘佩爾斯牌尿布在最初的市場試銷中完全失敗，原因在於價格太高，每塊 10 美分，比一塊布質尿布加上洗的費用還要高。後經過加快組裝作業線，簡化包裝，使用廉價原料，把價格降低到 6 美分。在此價格下再進行的試銷，顯示了一個巨大的潛在市場，到第四次試銷，證明價格是合理的，潘佩爾斯牌尿布由此取得了驕人的業績。

市場測試的好處是顯而易見的：從市場測試中得到的資訊對未來的銷售量預測，其準確度相對要高；可測試不同的營銷計畫對新產品商品化的可行性；從消費者的角度感受到的新產品缺陷等。市場測試的缺點也是很顯的：時間長、測試費用大，給競爭者可乘

之機。有時富於進攻性的競爭者會採取措施擾亂測試市場，使測試結果不可靠。

3.確定試銷結論，做出試銷後的決策

根據試銷資訊資料綜合分析，就可做出新產品試銷結論，通常結論的結果用 3 個等級反映：試銷結果良好、試銷結果一般、試銷結果不好。以此作為新產品是否全面上市或怎樣上市的決策。通常情況下，如果試銷結果良好，就應該決定新產品迅速、全面地上市，或作一些改進後再全面地上市；如果試銷結果一般，就應根據實際情況，做出選擇，通常可考慮先改進，然後再進行一次試銷；如果試銷結果不好，一般會選擇停止上市，當然也會考慮能否改進後再作試銷。新產品的改進應根據試銷結果有針對性地進行。若在試銷中確認是產品設計上的問題，則應該反饋給研發部門，由他們進行進一步的完善；若是市場營銷策略中的問題，或是市場情況發生了變化，則由營銷部門修改營銷策略。

第三節　試銷案例：短命的新可口可樂

一、可口可樂的歷史

1. 早期

可口可樂是由藥物學家約翰‧斯蒂斯‧彭伯頓發明的。在美國南北戰爭時期，他曾升任南部同盟的騎兵將軍。戰爭結束後，彭伯頓定居於亞特蘭大，開始生產諸如健肝膠囊和止咳糖漿之類的專賣

藥品。1885 年，他為法國的古柯酒——一種理想的養神滋補品登記
註冊了商標。1886 年，彭伯頓推出一種改進了的古柯酒，稱之為可
口可樂，並把這種酒裝入以往盛啤酒的汽水容器裏進行分銷。他把
這種調劑品作為一種治療頭痛的藥物出售，特別是治療那些因貪吃
縱酒而引起的頭痛。後來，在一個偶然的機會裏，一位藥劑師意外
地發現將這種酒與碳水化合物液混合，製成糖漿，味道更加可口。

自於身體狀況的惡化，加之可口可樂的盈利未能抵償他的債
務，彭伯頓不得不以微不足道的價格（300 美元）把可口可樂的專利
權賣給一個 39 歲的藥物學家阿薩‧坎德勒。窮困潦倒的彭伯頓死於
1888 年，被葬於無名之穴，默默無聞達 70 年之久。

坎德勒生於佐治亞州一個小鎮（據說南北戰爭中他因為年齡太
小而未成為英雄）。他本想當一名醫生，但當發現藥劑師掙的錢比醫
生多時，他便改變了主意。他在購買可口可樂專利權之前，奮鬥了
將近 40 年，之後，他的財運發生了巨大的變化。1892 年，他組建了
可口可樂公司。幾年以後，他降低了這種飲料的治療功效，開始提
高令人愉快的口感質量。同時，發展了那種至今仍然存在的瓶裝系
統，並操縱飲料市場長達 25 年。

2.羅伯特‧伍德拉夫與可口可樂公司的成熟期

1921 年，坎德勒離開了可口可樂公司，參加亞特蘭大市的市長
競選，把公司交給他的親屬管理。僅 3 年之後，他的親屬就以 2500
萬美元的價格把可口可樂公司賣給了亞特蘭大的一個商業集團。這
一切都沒有與坎德勒商量過，他十分氣憤。那時，公司每年可淨賺
500 萬美元。到他去世的 1929 年，年利潤已達其售價 2500 萬美元
的水準！購買可口可樂的集團頭目是亞特蘭大的銀行家恩斯特‧伍

德拉夫，可口可樂至今仍然掌握在伍德拉夫家族的手中。在恩斯特的兒子羅伯特‧伍德拉夫的領導下，可口可樂不僅在美國家喻戶曉，而且在全世界也成為人們最為熟知的標記之一。

羅伯特‧伍德拉夫出身富豪家庭，但他卻把個人成就與努力視為美德。年輕時，他不顧父親讓他到埃墨爾學院繼續完成學業的訓導，不願在學校中浪費 3 年時光，決定到社會上去闖一闖。終於，他作為一個購銷人員，於 1911 年進入他父親新組建的公司。但是，他和父親的矛盾再一次激化。這次衝突的起因是羅伯特想從懷特汽車廠購買一些卡車，以結束公司馬拉車的歷史。恩斯特為此解僱了自己的兒子，並警告他永遠別進家門，而羅伯特卻很快就到懷特汽車廠工作了。到 33 歲時，他已成為全國最有成就的經銷商，其年收入達 8.5 萬美元。然而，即使在那時，他仍然期待著家庭的召喚。

1920 年，可口可樂公司面臨破產的威脅。一次在糖價驟跌之前的不合時宜的採購，導致公司不得不大舉借債來維持生存。瓶裝系統的產量也降到了歷史的最低點。因為公司想提高原汁的價格，而這是違反特許經營合約中有關價格保持永久不變的條款的。1923 年4 月，羅伯特被任命為公司的總經理。他懷著要使每一個與可口可樂有聯繫的人都能從中獲益的信念，加強了公司同商業系統的聯繫；同時，他實施了一項質量控制計畫，並大大地擴展了公司的分銷系統。到 1930 年底，可口可樂公司已在 38 個國家擁有 64 個裝瓶商。第二次世界大戰期間，可口可樂隨美國士兵走遍了世界各地。伍德拉夫保證不計成本地向軍隊供應，在軍隊服役的任何人，只要想喝，花 5 分錢即可買一瓶可口可樂。在 20 世紀 50 年代、60 年代以及 70年代的早期，儘管面臨百事可樂強有力的挑戰，但可口可樂依然牢

牢地掌握了軟飲料市場，它的銷售量是百事可樂的 2 倍。但是，這種狀況就要改變了。

二、百事可樂與可口可樂的競爭背景

1. 百事可樂在 20 世紀 70 年代和 80 年代的入侵

到 20 世紀 70 年代中期，可口可樂公司仍然是一個動作遲緩的巨人。它的工作成績反映了這一點。1976～1979 年，可口可樂軟飲料年增長率由 13%降到 2%以下。在巨人躊躇不前之際，百事可樂卻創造著令人注目的奇跡。它首先提出「百事可樂新一代」的口號。這一廣告活動抓住了那些富於幻想的青年人的心理。這一充滿朝氣與活力的廣告，極大地提高了百事可樂的形象，並牢牢建立了它與軟飲料市場上最大部份的消費者之間的關係。

接著，它又施展了另一營銷妙計，即推出「挑戰的百事」。此時，在消費者口味愛好的測試比較中，已明顯地表現出了對百事可樂的偏好。這一活動使百事可樂的市場佔有率迅速提高，其銷售額在美國軟飲料市場上的佔有率一下由 6%直升到 14%。

作為一種反應，可口可樂公司進行了自己的口味測試。可是，這些檢查都有著一個同樣的結果，即消費者更喜歡百事可樂的味道，且市場佔有率的變化也反映了這一點。如表 11-1，到 1979 年底，與可口可樂 23.9%的市場佔有率相比，百事可樂已縮小了二者之間的差距，擁有了 17.9%的軟飲料市場。

到 1984 年底，可口可樂的市場佔有率僅領先 2.9 個百分點，而在雜貨商市場上，已落後了 10 個百分點。可口可樂的市場營銷研究

部門曾就其市場地位相對於百事可樂日漸縮小的問題，作了一個頗為詳細的說明。分析表明，在 1972 年，18%的軟飲料消費者只喝可口可樂，同期忠誠於百事可樂的人只有 4%。但 10 年之後，情況發生了很大的變化，只有 12%的人宣稱忠誠於可口可樂，與此同時，忠誠於百事可樂的人數幾乎與之匹敵，達到了 11%。在所有導致可口可樂競爭狀況惡化的因素中，最使可口可樂感到煩惱和灰心的是，它的廣告支出費用比百事可樂高 1 億美元。它擁有兩倍於百事的自動售貨機、優質礦泉水、更多的貨架空間以及更具競爭力的價格。但是為什麼它仍然失去了自己的市場佔有率呢？

表 11-1 1950～1984 年可口可樂與百事可樂的市場佔有率比較

時期	50 年代中期	1975	1979	1984
可口可樂	可口可樂/百事可樂超過 2：1	24.2%	23.9%	21.7%
百事可樂		17.4%	17.9%	18.8%
差距		6.8%	6.0%	2.9%

2.防衛者的變化

1980 年，保羅‧奧斯丁——可口可樂公司的董事長由於疾病的影響，即將退休。他主張讓一位經營人員來接替他成為下一任董事長，但是他的意見被 90 歲高齡的羅伯特‧伍德拉夫否定了。1980 年 5 月，董事會接受了奧斯丁和伍德拉夫的推薦，羅伯托‧戈伊祖艾塔被任命為總經理。在戈伊祖艾塔於 1981 年 3 月成為公司的董事長之後，唐納德‧基奧接任總經理。

不久，戈伊祖艾塔召開了一次全體經理人員大會，他宣佈，對公司來說，沒有什麼是神聖不可侵犯的，改革已迫在眉睫，人們必

須接受它。同時還宣佈了要向軟飲料市場以外的行業進軍的雄心勃勃的計畫。

在新領導人宣佈改革的新時代裏，對可口可樂原來配方神聖的信奉，已變得蒼白無力了。在 99 年裏有關改變味道的研究課題，第一次被提到日程上來了。

3.市場營銷研究

在 20 世紀 70 年代末和 80 年代初,儘管有強大的廣告力量和超級的分銷系統，但可口可樂的市場佔有率依然被侵蝕掉，因此，公司開始將注意力轉移到調查研究產品本身的問題上來。證據日益明顯地表明，味道是導致可口可樂衰落的惟一重要的因素。也許原來的秘密配方要被淘汰了，在這種情況下，公司開始實施堪薩斯計畫。在堪薩斯計畫的指導下，1982 年公司在 10 個主要市場進行了大約 2000 次的訪問，以調查消費者接受一種不同的可口可樂的意願狀況。在調查中，調查人員先向人們展示一些故事卡片——一種類比的、連環漫畫式的商業廣告。然後讓人們回答一系列問題，如一張故事卡上說可口可樂中增加了新成分，味道變得更甜美，而另一張則說它與百事可樂沒有什麼兩樣。然後詢問消費者對這種觀念變化的反應，如「你會感到難過嗎？」或「你願嘗一嘗新可口可樂嗎？」等等。調查人員從回答中估計，有 10%～12%的可口可樂飲用者將會感到難過，他們中的半數將克服這一難關，但另一半人則不願意。

在調查訪問表明試用新可口可樂的意願的同時，另外一些測試提供了一些相反情況，大小不同的消費者團體分別表明了強烈的贊成和不贊成的情緒。但技術部門卻堅持開發一種新的、令人愉快的口味。到 1984 年 9 月，他們認為這一切都已經做到了。由於全部用

比蔗糖更甜的玉米糖漿，因此它成為一種泡沫更少、更甜且帶有柔和的刺激的新飲料。公司立即對它進行了無標記味道測試，即在這種測試方法中，消費者沒有被告之他們喝的飲料的品牌。這些實驗的結果極大地鼓勵了調查人員。新味道的可口可樂徹底擊敗了百事可樂，而在以前的這種無標記測試中，百事可樂總是勝過可口可樂。因此，調查人員估計，新配方的可口可樂可使其市場佔有率提高 1 個百分點，這意味著可增加 2 億美元銷售額。

在採用新口味之前。可口可樂公司投入 400 萬美元，進行前所未有的大規模口味測試。在 13 個城市中約 19.1 萬人被邀請參加了無標記的不同配方的可口可樂的比較。之所以運用無標記測試，目的是為了排除品牌偏好而產生的任何干擾。55%的參加者更喜歡新可樂，這表明可口可樂擊敗了百事可樂：調查研究的結果似乎表明，支持新配方是不容置疑的了。

4.做出決策

在做出引入新口味可樂的決策的同時，一系列輔助性的決定必須相應地實施。例如，必須考慮的是在產品線加入新可樂還是用它來替代老可樂。在反覆考慮以後，公司高級經理們一致同意改變可樂的味道，並把舊可樂撤出市場。

1985 年 1 月，介紹新可樂的任務交給麥卡恩‧埃裏克森廣告公司，比爾‧考斯伯被任命為計畫在 4 月份向全國介紹新可樂的公司發言人。

1985 年 4 月 23 日，為了介紹可口可樂，戈伊祖艾塔和基奧在紐約城的林肯中心舉行了一次記者招待會。請東被送往全國各地的新聞媒介機構，大約有 200 家的報紙、雜誌和電視臺的記者出席了

記者招待會。但他們大多數並未信服新可口可樂的優點，他們的報導一般都持否定態度。新聞媒介的這種懷疑態度，在以後的日子裏，更加劇了公眾拒絕接受新可口可樂的心理。

消息迅速地傳播開來。81%的美國人在 24 個小時內知道了這種轉變，這一數字超過了 1969 年 7 月知道尼爾‧阿姆斯壯在月球上行走的人數。1.5 億人試用了新可口可樂，這也超過了以往任何一種新產品的試用記錄，大部份的評論持贊同態度，瓶裝商的需求量達到 5 年來的最高點。決策的正確性看來是無可懷疑了，但這一切都是曇花一現。

三、決策的災難性發展

形勢很快就發生了變化。有一些反對意見本是意料之中的，但反對派的力量迅速地擴大了。在剛上市的 4 小時內，公司大約接到了 650 個電話。到 5 月中旬，每天除了收到傾瀉而來的憤怒信件外，公司還接到 5000 次的電話。公司增加了 83 條電話線，僱用了一些新職員來處理這些反應。人們紛紛指責可口可樂作為美國的一個象徵和一個老朋友，突然之間就背叛了他們。有些人威脅說以後不喝可口可樂而代之以茶或白開水，下面是這些反應中的幾個例子：

「我感到非常悲傷，因為我知道不僅我自己不能再享用可口可樂，我的子孫們也都喝不到了……我想他們只能從我這裏聽說這一名詞了。」

「它簡直糟透了！你應該恥於把可口可樂的標籤貼在上面。……這個新東西的味道比百事可樂還要糟糕。」

「很高興結識了你，你是我 33 年來的老朋友了，昨天我第一次喝了新可樂，說實話，如果我想喝可樂，我要訂的將是百事可樂而不是可口可樂。

在那個春季和夏季裏，收到超過 4 萬封的信件。在西雅圖，一些激進的忠誠者（他們稱自己為美國喝老可口可樂的人）打算對可口可樂上司提出控告。人們開始囤積老可樂，有些人以高價出售它。當 7 月份的銷售額沒有像公司預料的那樣得到增長以後，裝瓶商們要求供應老可樂。

公司的調查也證實了一股正在增長的消極情緒的存在。5 月 30 日以前，53%的消費者說他們喜歡新可樂；到了 6 月，這種情況開始有了改變，被調查的半數以上的人說他們不喜歡新可樂；到了 7 月，在每週固定的調查中，只有 3%的人說他們喜歡新可樂。由於宣傳媒介的煽動，怒氣迅速擴展到全國。對一種具有 99 年歷史的飲料配方的改變，本來是無足輕重的，可如今卻變成了對人們愛國心的侮辱。堪薩斯大學社會學家羅伯特‧安東尼奧就此評論說：「有些人感到一種神聖的象徵被粗暴地踐踏了。」甚至戈伊祖艾塔的父親也從一開始就反對這種改變。他告誡他的兒子說這種改變是失敗的前奏，並開玩笑地威脅說要與兒子脫離關係。現在，公司的頭頭們開始擔心消費者聯合起來，抵制其產品。

四、可口可樂的屈服

公司的經理們現在開始認真地考慮怎樣挽救可口可樂公司的衰落景況了。一次經理會上，經理們決定在 7 月 4 日之前，不採取任

何行動。

　　可是結果並不理想，於是公司決定在「傳統可口可樂」的商標下，恢復老可樂的生產，同時公司將保留新口味的可樂，並稱之為「新可口可樂」。這一決定在 7 月 11 日被公之於眾，其時高級經理們走上帶有可口可樂標誌的臺上。向公眾致以歉意，但沒有承認新可口可樂的出現完全是個錯誤。

　　兩條資訊被傳遞給美國的消費者：一是對那些喜歡喝新可口可樂的人來說，公司致以深深的謝意；而對那些喜歡老配方的可樂公眾來說，所發出的資訊則是，我們聽見了你們的聲音，現在老可樂又回到了你們中間。消息迅速傳播著，ABC 廣播公司中斷了正在播出的節目，在星期三中午播送了這條新聞。在所有晚間有線新聞廣播中，恢復老可口可樂的決定，都在通常是為災禍或為外交動態保留的顯著位置上被通報了。軟飲料愛好者們一般都是感到高興的。阿肯色州的民主黨參議員大衛‧帕瑞約在參議院的大廳裏表示了他的歡欣，他說：「這是美國歷史上一個非常具有意義的時刻，它表明了有些全國性的習俗是不可改變的。」華爾街也為這一變化感到高興，因為老可樂的恢復，使可口可樂公司股票上升到 12 年以來的最高水準。

　　另一方面，美國百事可樂公司總經理羅傑‧恩裏科說，「很明顯這是 80 年代的愛迪塞爾，這是一個可怕的錯誤，可口可樂有一隻檸檬，可它卻要把它變成一杯檸檬水。」其他一些批評家則將之稱為「10 年來市場營銷上最大的失誤」。

第 **13** 章

新產品的上市時機

如果不能針對新產品的投放進行充分的分析和估計，新產品的市場開拓就會受到阻礙。恰當的引入，能為新產品開展市場競爭，贏得有利的條件，使新產品很快獲得消費者的認可。

第一節　新產品的行銷戰略

新產品行銷戰略規劃階段的主要任務是確定新產品的開發方向，包括戰略路線、戰略綱領、目標市場、產品定位、市場行銷組合方式、行銷預算等戰略因素的規劃。

1. 明確新產品行銷的戰略路線

新產品行銷的戰略路線包括新產品的市場集中化程度、產品與市場的組合、市場投放速度、市場行銷目標以及相關的生產能力和

水準。因此，明確新產品行銷的戰略路線就需要：

首先，確定新產品將來是面向總體市場、單一細分市場還是多個細分市場；

接下來，要確定新產品行銷的產品市場組合，即選擇產品改進、市場滲透，還是選擇開拓新市場或多角化經營；

然後，對新產品的市場進入速度進行決策，確定新產品市場投放日之前或投放日之後的投放速度；

同時，還要選擇或確定新產品的市場行銷目標，包括顧客滿意度、銷售收入、市場佔有率、利潤率、產品成本、產品品質、形象轉變等多種目標；

最後，要確定新產品生產供應的能力及水準，如要求新產品能正常供應或開始時能適當生產。

2. 制定新產品行銷的戰略綱領

在確定了新產品市場行銷戰略路線的基礎上，企業還需要進一步地制定新產品行銷的戰略綱領，從而為新產品的行銷活動指明方向。比如，新產品的行銷是持久性的，還是臨時性的；新產品的市場進入是大張旗鼓的，還是悄無聲息的；新產品迎合的需求是選擇性的需求，還是基本的需求；是將價格還是差別化作為新產品的競爭優勢來源；以及確定新產品的市場進入規模和已有產品線替換的方式和時機。

3. 目標市場的選擇

由於不同的市場上的消費者具有不同的消費偏好和購買習慣，因此新產品目標市場的選擇正確與否將直接影響到後面的行銷戰術的具體安排，而新產品的目標市場選擇是在市場細分的基礎上進行

的。

　　市場細分的依據主要有產品最終用途、地理因素、人口統計因素、購買行為或使用行為因素、個性、態度、生活方式等心理因素。例如，工業品的市場細分主要有宏觀細分與微觀細分兩種。宏觀細分是依據企業所在的行業類型、公司規模等統計資料來細分市場。而微觀細分是依據市場購買者的需求特點和購買行為來細分市場。

　　此外，影響市場細分及其選擇的因素還包括潛在購買者類型、市場競爭態勢、技術、經濟環境等。細分市場的選擇可能在新產品開發過程的早期階段就已進行，也可能直到市場投放時才在已測試過的細分市場中進行。新產品行銷目標、細分市場價值及其相應的行銷成本均可以作為新產品目標細分市場選擇的標準。

　　針對選定的新產品目標市場，企業可以採用無差異行銷、差異性行銷或集中性行銷策略。新產品的無差異行銷策略主要適用於市場同質性強、企業資源充足的情況；而差異性行銷主要針對不同的細分市場，以更好地滿足細分市場的需要；新產品的集中性行銷主要集中於一個細分市場，以增強新產品的競爭力，因而比較適合市場競爭激烈、企業實力較弱的情況。

第二節　新產品上市的市場行銷規劃

　　新產品的市場行銷規劃是新產品市場投放前的一項重要工作，而且這一項工作很難具體地界定應該從什麼時候開始，因為在一個以市場為導向的企業中，很有可能在新產品進行調查與定位時就已經開始了新產品市場行銷規劃的過程，在有些比較極端的情況下，圍繞市場進行的新產品的創意和構思本身也可以認為是新產品市場行銷規劃過程的起點。

　　此外，新產品的市場行銷會隨著新產品開發的進行而不斷地進行調整，一方面可能是市場行情發生了變化，而另一方面可能是在新產品開發過程中有了新的、更好的創意。這樣一個目標不斷明晰、信息不斷增多的過程會對原有的市場行銷規劃提出新的修改需求，因此，新產品的市場行銷規劃過程是一個連續動態的過程。

　　正是由於市場行銷規劃的連續性和變化性，所以不能斷然地下結論說，新產品的市場行銷規劃過程應該從什麼時候開始。可以說，新產品的市場行銷規劃過程貫穿了整個新產品開發的過程。

　　新產品市場行銷的過程管理主要解決這樣一些問題：誰來進行新產品市場行銷規劃？如何來進行新產品市場行銷規劃？新產品市場行銷規劃的具體內容是什麼？

1. 新產品市場行銷規劃的制定者

　　新產品與老產品不一樣，新產品的市場行銷規劃過程決不僅僅是企業市場部或行銷部的事情，而應該由企業的技術、生產、法律

和財務等許多部門共同參與到新產品的市場行銷規劃過程當中。

通過設立由市場研究人員、產品經理、銷售經理和其他相關人員所組成的矩陣式小組來共同制定新產品市場行銷規劃，一方面可以集思廣益，充分發揮集體智慧；另一方面可以形成企業當中來自方方面面的工作合力，從而促使企業中資源對新產品開發的傾斜。

2.新產品市場行銷規劃的工作步驟

新產品行銷計畫是隨著新產品開發過程的進行而不斷完善的動態過程，從時間和開始的先後順序來看，主要可以分為行銷戰略規劃階段、行銷戰術規劃階段和執行實施階段。由於新產品行銷規劃是一個連續的過程，因此階段和階段之間並沒有嚴格的時間分界線，很多工作是同時或者交叉進行的。

⑴行銷戰略規劃階段

新產品行銷戰略規劃通常會由企業的多個部門參與，比如市場行銷部、技術部、生產部等。這一階段的主要任務是確定新產品的開發方向，包括戰略路線、戰略綱領、目標市場、產品定位、市場行銷組合方式、行銷預算等戰略層面的規劃。

⑵行銷戰術規劃階段

企業各部門在行銷戰略規劃的基礎上，具體分析和制定實際的行銷計畫，包括促銷、公關、分銷、包裝和服務等方面。與行銷戰略不同的是，戰術的安排將更加的靈活和富於變化性，這就要求行銷計畫必須具有一定的柔性來反映新產品開發過程的變化。最後，行銷戰術計畫與行銷戰略結合在一起，形成了一個新產品總體行銷計畫。

⑶行銷計畫執行階段

商業化既是行銷計畫的執行階段，也是檢驗新產品市場行銷戰略和戰術是否科學、有效的最終階段。行銷計畫執行階段的主要任務就是按照行銷計畫，對銷售人員、廣告、包裝、促銷等方面進行具體的安排，以保證市場投放的順利實施。由於新產品的市場投放涉及生產、銷售和售後服務，因此行銷計畫執行階段也是企業中各個部門相互協作和配合的過程。

3. 新產品市場行銷規劃的具體內容

新產品市場行銷規劃是一項系統工程，在明確了誰來制定市場行銷規劃，以及如何來制定行銷規劃之後，接下來就簡單介紹一下新產品市場行銷規劃的具體內容。

⑴新產品行銷戰略規劃的具體內容

新產品行銷戰略的規劃一般包括新產品的目標市場確定、戰略目標制定（市場佔有率或利潤）、資源配置方案、行銷組合方案等方面。為了提供用於行銷戰略規劃的足夠的信息，下列分析必不可少。

①SWOT 分析

SWOT 分析是新產品行銷戰略規劃制定當中一個比較重要的分析工具，通過對外部的機會和威脅的考察，以及對企業內部的優劣勢的分析，企業可以比較好地找準新產品的目標市場、摸清企業競爭對手的底細，明確新產品的戰略目標，為企業在新產品開發方面的資源投入決策提供較好的參考依據。

②PEST 分析

相對於 SWOT 分析而言，PEST 分析更側重於對宏觀環境的把握。通過對政治、經濟、社會和技術等宏觀層面的分析，企業可以更好

地預測新產品未來的市場前景，防範新產品開發風險。

③其他分析

除了進行 SWOT 分析和 PEST 分析之外，行業分析和客戶分析等其他分析也是非常必要的。通過行業分析來瞭解行業的結構狀況，通過顧客分析來明確顧客的需求和偏好，都能夠為新產品的市場進入決策提供所需要的信息。

此外，新產品行銷戰略相對穩定，但並非一成不變，在實施過程中，還需要根據環境和市場等因素的變化，進行適時調整，這種調整工作也是新產品市場行銷戰略規劃工作一個不可缺少的環節。

⑵新產品行銷戰術規劃的具體內容

新產品行銷戰術規劃是指企業利用自己可以控制的因素，如產品、價格、銷售管道及銷售促進等行銷組合，來取得目標市場上的預期成果。規劃行銷戰術規劃的關鍵是使新產品行銷組合成為一個戰略整體，獲得協同效應，而不是成為各種分散的行銷手段。新產品行銷戰術性計畫所需要考慮的主要方面有：

①產品

需要通過建立產品特色、產品品質、使用費用等方面的競爭優勢，樹立自己的品牌形象。

②價格

新產品價格的規劃主要是依據新產品的市場戰略目標，制訂不同的價格策略。由於價格策略容易被競爭對手模仿，因此價格策略不能成為建立和維持新產品競爭優勢的來源。

③銷售通路

需要選擇新產品銷售管道的類型，制訂新產品運輸、倉儲和存

貨控制等後勤計畫，制定相關的新產品經銷商的培訓計畫和激勵措施。

④促銷

明確所採用的促銷手段是新產品市場行銷戰術制定的重要環節。由於促銷手段存在多樣化的選擇，比如人員推銷、產品展示、經銷商協助或直郵等方式，因此新產品在進行實際市場投放當中可以選擇不同的促銷手段進行組合。此外還需要確定廣告和銷售促進的預算。

⑤行銷資源配置

行銷資源的配置主要取決於新產品總體行銷組合方式。而行銷組合方式決策需要考慮新產品行銷預算的約束並分析各行銷策略的重要性及貢獻大小。

心得欄

第三節　新產品的定位

　　新產品的定位是新產品開發成功的關鍵因素，是新產品戰略規劃的重要內容，定位的準確與否直接關係到新產品的成敗。在當今的市場環境下，競爭越來越激烈，一個新產品能否擊敗競爭對手，脫穎而出，主要看它的市場定位是否準確，是否能夠迎合滿足消費者的意願。

一、新產品的定位種類

　　更多的情況下，新產品的定位可主要通過以下幾個要素的分別定位來實現，如功能水準定位、價格定位、服務定位和包裝定位。

1.功能水準的定位

　　產品功能是產品的核心利益所在，它可以給消費者帶來效用，可以滿足消費者的某些需求，如電腦的運算處理速度，電池的使用壽命等都屬於產品的功能。產品的功能按照心理學角度可以分為基本功能和心理功能。基本功能主要包括：

　　·方便性，指產品可以減少消費者的製作麻煩，帶來方便；
　　·實用性，指使用價值明顯能滿足消費者的日常實用動機；
　　·安全功能，指產品不會對消費者造成傷害，可以給消費者帶來安全感的功能；
　　·耐用性，指產品品質好，使用時間較長。

產品的心理功能則主要是滿足消費者心理需要的功能，如滿足消費者審美需要的功能、滿足消費者對身份的象徵等。

功能水準是指具有同樣功能的不同產品，給用戶帶來的滿足程度是不同的。功能水準是功能的實現程度，它是由一系列的技術指標和綜合指標來表示的。如黑白電視和彩色電視，兩種都有發出聲音、顯示圖像、接收各個電視頻道的功能，但是兩者功能水準是有差別的。即使是同為彩色電視機，可能由於大小、形狀、外觀不同，給人的滿足程度也是不同的。

功能水準的定位必須恰到好處，如果功能水準過高，則產品的成本就會增加，從而導致產品競爭力的喪失；過低則有可能不能滿足消費者的需要。

2.價格的定位

價格是產品的外在表現，也是顧客接觸的最本質的層面，價格的定位可以影響到整個產品的定位。從消費者行為學的理論來看，價格被顧客當作產品品質的指示器。消費者很大程度上依靠價格來判斷品質，高價格一般代表高品質。

新產品的定位如果定位在高檔次，那麼它的價格就應該比普通商品要高，低的價格可能會引起消費者對產品定位的曲解。比如，進口法國香水一直定位在高層次，它的成本很低，但為了突出它的高品質，進口法國香水價格一般在上千元。消費者雖然知道有如此大的差價，但並不認為有什麼問題，反而覺得合情合理，物有所值，高的產品品質就應該有高的價格，低價的只能是普通香水，如一般的國產香水。然而，國產的香水與進口香水品質差距並沒有想像中的大，關鍵是產品整體定位的差別。

新產品的定位可以影響定價，反之，價格也可以反映新產品的品質。對於企業而言，新產品價格定位的關鍵是做到新產品定位與價格定位相匹配。

3.服務的定位

新產品不僅向消費者提供產品，同時也包括服務。服務的定位可以影響到新產品的整體定位。企業不只是可以通過新產品來贏得競爭優勢，也可以通過服務來創造競爭優勢。在 20 世紀 80 年代，美國企業界誕生了新的經營戰略——顧客滿意戰略，這個戰略的主角便是服務，那麼服務是什麼呢？行銷大師菲力浦‧科特勒認為服務是一方能夠向另一方提供的基本上是無形的任何行為或績效，並且不導致任何所有權的產生。

4.包裝的定位

哈佛大學行銷專家斯坦‧格魯斯說：「我無法問你為什麼喜歡某種包裝，你也不可能講得出來。包裝並不是沉默不語的，它在吶喊著——而且是在你的內心吶喊著。」在現代市場行銷活動中，商品包裝的重要性越來越引人矚目。在學術界，甚至有學者把包裝（Package）作為繼 4P 之後的第 5P。企業家則把包裝作為其產品的賣點之一，通過包裝來修飾新產品。

據世界上最大的化學公司——杜邦公司的行銷人員經過週密的市場調查後發現：63%的消費者是根據商品的包裝和商店的裝潢來作出購買決策的。換句話說，包裝作為一種產品的定位形式被廣泛地應用著。新產品不僅要注意產品本身的屬性，同時也需要注意產品的外在形象——包裝，包裝不僅可以促進新產品的銷售，而且可以作為一種單獨的定位存在。新產品包裝的定位主要分為包裝造型定

位、包裝文字定位、包裝數量定位和包裝色彩定位等四個部份。

二、新產品定位的步驟

在完成了新產品定位的準備工作之後，再來便是新產品的定位各步驟的具體實施。新產品應如何定位呢？

1. 新產品定位的步驟

新產品的定位包含三個步驟：找出產品差別於其他競爭對手的要素、使用一定的標準選擇最重要的差別要素和向目標市場宣傳這種差別。

(1)找出有別於競爭對手的要素

定位的首要步驟便是找出新產品區別於競爭對手的地方，一般來說，企業可以利用的新產品差別化優勢，有成本/價格的差別以及基於產品和服務特點的差異化。

①成本價格的差別

低價差異化是企業最明顯的可以區別於競爭對手的地方，而且通常也是最有效的。如中國格蘭仕公司的產品與競爭對手的最大差別就是低價，在微波爐行業，它通過低價的優勢擊垮了中國的所有微波爐生產廠商。然而這並不表明任何公司都可以依靠低價作為產品的差異，事實上，由於生產規模不足、資金匱乏或缺少低價製造商與服務提供者所必須的其他資源，不是所有的產品都能成為產品大類中的低價領導者。

②基於產品和服務的差異化

產品差異化的目的是在顧客心中創造附加價值，使產品能夠獲

得一個較完全競爭情況下更高的價格。由於差異的存在，顧客不再僅僅關注價格，也開始關注起產品所能提供的獨特利益。

⑵選擇最重要的差異要素

決策者在明確了產品可以進行差異化的要素以後，必須選擇出最重要的差異來進行定位。羅瑟‧里夫斯認為產品應具有唯一的銷售定位，並專營這一定位。如海飛絲洗髮水只宣傳其去屑的功能，成功地在消費者心中建立了自己的市場。當然企業也可以宣傳兩種要素或三種要素。現實中也存在宣傳三種利益成功的例子，如史克比公司在促銷水清牙膏時就聲稱其可以提供三種利益：防蛀、清新口氣和潔齒，並讓牙膏具有三種顏色使得消費者相信了這一定位。然而公司為其產品宣傳過多的優勢時，它就會令人難以確信，並失去明確的定位。

企業在選擇最重要的差異化要素時需要儘量避免這些錯誤，並根據競爭者狀況、公司戰略、消費者偏好等來選擇自己最重要的差異化要素。

⑶向目標市場宣傳，明確定位

企業在明確新產品定位的差異化要素以後，還需要向目標市場有效地傳遞這種定位理念。它要求企業將自己的定位準確、充分地傳達給社會公眾，讓他們知曉、理解並予以認同，從而在心理留下鮮明的印象，真正發揮定位的作用。新產品常用的溝通方式有廣告、公共關係、銷售促進和包裝等四種。

第四節　新產品切入市場的商機策略

　　新產品正式上市就是將新產品商品化。市場試銷已為新產品開
發企業提供了足夠的資訊，使他們可以對是否推出新產品作出最後
的決策。如果新產品開發企業決定將該產品商業化，它將面臨到成
本問題，即生產成本和營銷成本。

　　企業會依據新產品的市場需求規模而決定投資，建造廠房並購
買昂貴的設備。這就是新產品的生產成本。

　　至於新產品的營銷成本，將一種新產品引入市場，並為消費者
所接受，就必須進行大規模的廣告宣傳和促銷活動。在 20 世紀 90
年代的美國，如果要向市場推廣新產品，第一年就需要花費 2000 萬
～8000 萬美元的廣告費和促銷費。例如食品行業來說，新產品在第
一年裏的營銷費用大概佔當年銷售額的 60%左右。

　　上述工作完成以後，新產品開發企業就要為新產品的商業化進
行營銷決策。營銷決策包括：新產品進入目標市場的時機選擇、新
產品進入那些目標市場、新產品的購買群體是誰、新產品如何引入
目標市場等。

　　新產品正式上市時，選擇恰當的引入時機是一個關鍵問題。恰
當的引入能為新產品開展市場競爭贏得有利的條件，使新產品很快
獲得消費者的認可。新產品進入市場的時機有三種選擇方式：

1. 先期進入策略

　　「首先進入市場的新產品開發企業通常可得到『主動者的好

處』，包括掌握了主要的分銷商和顧客以及獲得有聲望的領先地位。
另一方面，如果產品沒有經過徹底的審查而匆匆上市，則該公司可
能會獲得有缺陷的形象。」

　　在廣告極度轟炸的情況下，消費者會篩選掉大部份資訊。據調
查，大眾消費者只能記起同類產品中的 7 個品牌，而名列第二的品
牌的銷售量往往只是名列第一的品牌的 1/2，名列第三的品牌的銷售
量往往是名列第二的品牌的 1/2，首先進入市場的新產品，常能為企
業贏得「先入為主」的競爭優勢。

　　人們頭腦裏容易記住美洲的發現者、第一位登上月球的人、第
一個戀人的名字以及其他許多第一次而不是第二次遇到的人或事，
這就是新產品開發企業先期進入市場的原因。

2.後期進入策略

　　有的企業有意推遲新產品進入市場的時間，等到競爭產品進入
後再進入。他們認為這樣做有 3 個好處：

　　⑴競爭企業為開拓市場已投入了大量的人力、物力，消費者基
本上已認可了這類產品，後期進入可使企業享受「搭便車」的好處；

　　⑵任何新產品都不是完美的，先期進入的產品已逐漸暴露出了
不足與缺陷，本企業可以改進自己的產品，避免同類問題的出現；

　　⑶根據競爭產品的銷售狀況，可以瞭解市場的規模，及時調整
企業的營銷計畫，使其具有更強的針對性。

　　例如，CT 掃描器的市場領先者是英國的 EMI 公司，但美國通用
電氣公司卻超過了它，原因是通用電氣公司根據 EMI 公司的銷售情
況，進一步改進了產品，使產品明顯優於 EMI 公司的產品。

3.平行進入策略

企業決定讓自己的新產品與競爭產品同時進入市場。如果競爭對手是快速進入，本企業也同樣如此，以便與競爭對手分享「先入為主」的好處；如果競爭對手是緩慢地進入目標市場，本企業也可這樣做，利用充裕的時間來瞭解市場，改進產品。新產品開發企業採用「平行進入」策略的另外一個原因，是想與競爭企業共同分擔新產品上市的廣告促銷費用。

某些企業通過調查發現，本企業的新產品不論是在生產技術上，還是在造型包裝上，都明顯優於競爭產品，採用「平行進入」策略，可以使競爭產品成為本企業新產品的「陪襯人」，能為企業贏得「貨比三家」的比較優勢。

第五節　新產品要切入的區域市場

新產品開發企業必須決定是否向單一的地區、一個區域、幾個區域、全國市場或者國際市場推出新產品。隨著國際市場上競爭的加劇以及產品生命週期的急速縮短，企業經營者瞭解到將新產品推向國際市場的重要性。如何利用現有的資源做有效率、全球性的產品推廣，來滿足市場的需要，是企業未來獲利的決定因素之一。

一、選擇進入國際市場

資金實力雄厚的企業常希望將自己的新產品推向國際市場，由

於全球市場對此新產品還不瞭解，企業必須利用自己的競爭優勢來
開發國際市場，這至少包括以下 3 點：

　　1. 新產品的開發策略必須與企業長期的發展目標相一致。

　　2. 企業必須對新產品的開發費用以及國際市場上的競爭力有全
面性的評估，決定是否有足夠的資源在特定的時間內來完成這項任
務。

　　3. 在決定將新產品推向國際市場之前，企業必須瞭解國際市場
的需求、競爭力，以及對未來發展趨勢有明確的認識。

　　除些之外，新產品開發企業必須對以下關鍵問題有明確的瞭解。

　　1. 該新產品在國際市場和國內市場的用途是否一致？

　　2. 該新產品在國際市場上是否還有其他的用途？

　　3. 國內外對新產品使用的情況有何異同？

　　4. 國際市場中的分割情況怎樣？該新產品是否能滿足所有子市
場的需求？

　　5. 新產品在國際市場上使用，是否必須配備其他產品或條件？
特定市場中的消費者的消費能力又如何？

　　6. 該新產品對國際市場中其他產品及市場結構有怎樣的影響？
在國外市場是否有取代產品存在？

　　7. 國外市場的競爭情況如何？誰是主要競爭者？它有怎樣的競
爭優勢？

　　8. 國際市場中對此產品的銷售途徑與國內市場是否一致？

　　9. 企業是否有現成的銷售網路來銷售該產品？建立新的銷售網
路的成本費用又如何？

　　10. 國際市場與國內市場中該產品的價格是否相一致？企業希望

通過怎樣的策略來提高其獲利率？薄利多銷還是高價格策略？

11. 企業是否對國際市場進行再教育，使其瞭解該產品的優越性，進而爭取更大的市場佔有率？

12. 國際市場現有多少購買力？短期和近期內購買力是否有增加的可能？本企業需採用什麼策略來刺激國際市場的購買力？

13. 國際市場中，外國政府法令規章制度對該新產品的發展有什麼影響？

14. 在國際市場中，該新產品的最大銷售量是多少？企業要完成最大的銷售量及獲利率需用多長時間及費用？

15. 企業是否對該新產品的品質進行改良，使其更加符合國際市場的需求？

16. 國內的市場銷售及競爭情況與國際市場有什麼不同？產品的生命週期差異又有多少？

如果能對上述問題有明確而肯定的答覆，企業就可以利用市場調查得來的資訊，配合其資源及經驗，將企業的優勢發揮出來，使新產品推向國際市場。

二、選擇進入國內市場

一般來說，具有雄厚實力將新產品推向國際市場的企業是很少的，很多企業都習慣選擇國內市場作為新產品的引入市場。

小型企業一般會選擇一個有吸引力的城市，並運用閃電策略快速進入市場。它們也許會一次同時進入幾個同等規模的城市。大中型企業會把它們的新產品引入某一整個區域市場，然後再進入另一

區域市場。

具有全國銷售網路的企業，通常會一次性將其新產品推向全國市場，讓它遍地開花。例如，美國通用汽車公司每開發出一例新款式的汽車，就同時在全美的經銷點銷售或展示。

表 13-5-1　目標市場的多因素評價

地區 項目				
市場的規模				
本企業的信譽				
建立銷售網路的成本				
調查數據的質量				
市場的輻射力				
競爭對手的數量				
競爭對手的優劣勢				
競爭的激烈程度				
競爭的滲透速度（或模仿速度）				

註：市場的規模＝該地區的總人口×人均收入。

在選擇國內市場時，新產品開發企業還要對不同的市場進行評價，評價的標準主要有：

· 市場的規模（或潛力）。

· 本企業在當地的信譽。

· 建立銷售網路的成本。

· 該地區調查數據資料的可信度。

‧ 該地區對其他地區的輻射力。

‧ 該地區的競爭滲透程度。

以上標準的具體情況見表 13-5-1 所示。

新產品開發企業可以根據表 13-5-1，決定出新產品的引入市場並制定出一個地理擴張計畫，將新產品有步驟地推向目標市場。

第六節　新產品投放到市場的實施

市場投放的實施就是努力使新產品投放活動按計劃順利地進行，這同時也是企業與顧客共同作用的過程。應該說，新產品的市場投放實施過程就是一個按部就班的操作環節，但是由於在計畫制定中仍然會存在不完善的方面，比如對市場行情的估計不足，還會存在計畫和執行脫節的問題，因此對新產品市場投放實施過程進行不斷的檢查，實施糾偏行動就顯得非常有必要。

一、新產品市場投放的過程控制

好的過程不一定就會獲得好的結果，但是會提高獲得好結果的可能性，因此，為了保證新產品的市場成功，對新產品的市場投放進行過程控制，是很有必要的。由於市場投放的實施結果與計畫之間總是會存在偏差，而且投放實施過程也會出現各種問題，因此，需要建立新產品市場投放控制系統，來消除預期與實際之間的偏差。

1. 新產品的預測誤差

預測值或計畫值與實際結果的差別即為預測誤差。調查研究顯示，新產品投放市場第一年的預測誤差率平均為 46.9%。造成預測誤差的原因主要來自於顧客需求的變化、技術的快速進步、競爭對手的出現或意想不到的市場反應等難以控制的環境或市場因素。

同時，企業新產品的市場行銷水準、人員的能力等許多可控因素也是影響新產品預測誤差的重要因素。在企業具有較多的市場行銷經驗，投入較多的市場研究支出，使用較多的預測方法，以及新產品市場的不確定性比較低等情況下，新產品的預測誤差相對來說會小一些。

因此，市場投放控制系統的建設是非常有必要的。利用市場投放控制系統對投放過程的可控因素和不可控因素進行監控，並採取有效的措施來保證市場投放過程的順進行是市場投放控制系統建設的根本出發點。

2. 新產品市場投放控制系統的建立

新產品市場投放控制系統的建立主要包括四個方面。

⑴投放過程潛在問題的識別

市場投放控制系統建設的前提是識別投放過程中可能出現的問題，包括新產品的廣告、定價、生產等企業方面的問題和競爭對手的反應、代理商的能力等環境方面的問題。類似於市場形勢分析法、競爭對手模擬法等分析工具都可以用來識別市場投放中的潛在問題。

⑵選擇關鍵控制點

市場投放控制系統不可能做到面面俱到，所以市場投放控制系

統控制的也是那些較頻繁發生的，或不頻繁發生但對新產品的危害程度比較高的事件。所以通過制定篩選標準來對市場投放控制系統的控制事件進行篩選，找到控制系統中的關鍵控制點就構成了新產品市場投放控制系統建設的一個重要方面。

(3)**應急計畫的制訂**

所謂「有備而無患」，對於確定的需要進行控制的重大事件，市場投放控制系統當中必須要有應急計畫來應對這些重大事件的發生。應急計畫的主要內容應該是立即能夠實施的措施和行動方案。

(4)**跟蹤系統設計**

在識別了潛在的問題、找到了關鍵控制點、制定了應急計畫之後，跟蹤系統的設計構成了市場投放控制系統建設的最後一道環節。跟蹤系統的設計主要是為了能夠快速地回饋實際的數據和信息，實現市場投放控制系統的動態性和即時性。跟蹤事件的選擇和啟動應急計畫的觸發點的確定是跟蹤系統設計的關鍵。

二、新產品的市場跟蹤

要想實現新產品市場投放的過程控制，就必須對新產品的市場投放過程進行跟蹤，通過分析跟蹤獲得的新產品市場回饋信息來比較新產品投放計畫與實際結果之間的誤差，從而找出產生誤差的原因，並採取相應的行動。所以，市場投放跟蹤過程的主要目標就是識別偏差並診斷產生偏差的原因。

1. 進行新產品市場投放跟蹤的步驟

進行新產品市場投放跟蹤的第一步，是在衡量信息價值的基礎

上選擇跟蹤變數，信息價值的衡量主要是比較獲得信息本身的價值和獲得信息的成本之間的大小關係。一般像銷售額、成本、利潤、新產品的瞭解度、試用率、重購率、偏好以及分銷程度等變數都會作為跟蹤變數。

選擇誤差度量方式是進行市場投放跟蹤的另一項基礎性工作。可用來跟蹤的誤差度量主要有方向性誤差、絕對誤差以及誤差比率等。然後接下去就是選擇數據收集程序，並確定問題的檢測信號。

診斷問題是跟蹤過程的關鍵環節和核心。如果跟蹤變數的誤差值超出了可接受的範圍，就必須進行問題診斷，問題診斷得是否清楚、準確會直接影響到新產品市場投放計畫的修訂。根據問題產生的原因，可以有針對性地修改新產品市場投放實施計畫，以確保新產品的市場投放能夠按計劃進行，達到預想的目標。新產品市場投放計畫修改的進一步延伸就是開發下一代新產品。

2.評價新產品市場投放跟蹤過程

投放跟蹤過程能夠為各種應急計畫的實施提供信息，從而可以起到一定的控制作用。另外在跟蹤過程中所獲得的市場信息將有助於下一代新產品的創意，從這個角度來說，新產品的市場投放跟蹤就具有了戰略意義。

但是跟蹤過程的實施，需要企業投入相當的資源，因此，跟蹤過程的設計同樣要進行成本—收益分析。比如對於低風險的改進型新產品，市場投放後跟蹤的價值和意義就不大，所以跟蹤過程就可以省略。

第七節　案例：可口可樂瞄準新市場

1992 年 7 月，可口可樂公司宣佈：該公司在全美國範圍內的小型辦公場所已安裝了 35000 個「休息伴」（註：「休息伴」即為隨處可見的可口可樂小型售飲料機），這種「休息伴」的安裝標誌著可口可樂公司實現了多年的夢想：辦公室的工作人員足不出戶就可以享用可口可樂飲料。

夢想的實現是由於可口可樂公司成功地開發了這種新型可樂分售機，該機的開發經歷了 20 多年的研製，並在 30 多個國家進行推廣試用，耗資巨大，被產業觀察家稱為軟飲料史上史無前例的一項開發。

這種新型的「休息伴」除了對可口可樂公司每年 80 億銷售額的潛在影響以外，它顯然還會給整個產業界帶來某些變化。在 1986 年，每位美國市民軟飲料的年消費量約為 45 加侖，已經超過了他們的飲水量。然而，在過去的 10 年裏，主要的飲料市場可供進一步開發的細分市場已所剩無幾，新型的替代產品發展迅速，市場上充滿了新的商標和商標系列。零售商常常利用找給公司的零頭更換貨架上的商品。結果，軟飲料商們發現他們主要產品的市場佔有率在日益縮減，而其銷售成本卻在急劇上升。

可口可樂的「休息伴」標誌著市場細分的新趨勢和大規模的未開墾的辦公市場爭奪戰的開始。由於咖啡飲用量的減少和人們逐漸喜歡上碳酸軟飲料，辦公市場對飲料公司來說變得越來越重要了。

工作場地將是可樂銷售的未開墾的巨大市場。然而，可口可樂公司並未完全佔領辦公市場。百事可樂公司提前向公眾推出了一種 24 聽裝的小型售貨機。據百事公司說，這種小機器使公司的零售額增加了 10%。雖然可口可樂公司不是針對聽裝飲料來設計「休息伴」的，但「休息伴」卻顯示出特別的優勢。市場細分專家認為，每杯平均 8 美分的機售飲料要比聽裝飲料便宜得多，每個聽罐成本是 10 美分，搬動數十箱聽裝或瓶裝飲料需要較大的器械並佔用更多的存放空間。調查結果也表明主婦們更喜歡購買「休息伴」機售的 6.5 盎司飲料，而不是百事的標準 12 盎司罐裝飲料。

早在 20 世紀 70 年代初，可口可樂公司就開始嘗試在辦公室設置機售系統，但終因系統佔用場地太多和需要巨大的二氧化碳容器來產生碳酸而告吹。其他公司進入辦公市場的嘗試也屢屢受挫，因為他們要求工作人員自己來調和糖漿與水。在面臨著市場佔有率日益縮減的緊迫形勢下，可口可樂公司加快了開發的步伐，並確立了一個原則：「休息伴」應是使用方便、佔地不大、可放於任何地方的機售噴射系統裝置。

為完成這項計畫，可口可樂公司特邀德國西門子公司加盟製造這種機售噴射系統裝置，同時為「休息伴」申請了專利。研製出的「休息伴」同微波爐大小相似，裝滿時重量為 78 磅。機器上裝有三個糖漿瓶，每瓶大約可提供 30 份的 6 盎司飲料，只有可口可樂的糖漿罐與「休息伴」是匹配的，同時還配有一個可調製 250 份飲料的二氧化碳貯氣瓶。人們只需在 3 個按鈕中任選一種自己喜愛的飲料，水流就從冷卻區流入混合管，同時二氧化碳的注入就形成了碳酸飲料。另外，機器上還裝有投幣器，在買可樂時，可以投入 5、10、25

美分的硬幣。由於機器輸出的飲料只有華氏 32 度，因此也無需另加冰塊。

　　市場測試使可口可樂公司對「休息伴」售出飲料的品質穩定性充滿信心。可口可樂公司說顧客認為這個系統和售咖啡機一樣好用。在市場試銷的最初階段，可口可樂公司建立了一個由 500 家分銷商組成的分銷網路。然而，公司不久便意識到，如此龐大的分銷隊伍要想控制它是相當困難的，這勢必對行銷策略的有效實施產生不利影響。因此，公司決定執行重點分銷商計畫，即以 50 家經營「休息伴」較為出色的分銷商為重點，以向辦公室提供咖啡服務的分銷商為主力軍（其中 30～35 家是辦公室咖啡供應商，5 家是瓶裝飲料分銷商，另外一些是瓶裝水銷售公司和特殊分銷商）。這支主力軍的業務相當熟練，對向辦公室提供服務的業務瞭若指掌，並已形成了一個完整的辦公室銷售體系。至此，這一計畫的實施為可口可樂公司未來的分銷管道設計鋪平了道路。

　　「休息伴」三年的市場試銷，使可口可樂公司在分銷管道設計、市場細分等方面積累了大量的經驗。在試銷過程中，可口可樂公司為尋找「休息伴」的最終目標市場，不斷改進其細分策略。最初的一項調查表明，將「休息伴」置於 20 人或 20 人以上的辦公場所可以獲得相當的利潤。因此，公司欲以 20～45 人的辦公室作為目標市場。然而這就意味著可口可樂公司將喪失掉上百萬個不足 20 人的辦公室這一巨大市場，顯然這一目標市場不合情理。公司通過進一步調查、分析，發現小型辦公室的數量大有增長之勢，並證明對於那些經常有人員流動的辦公室，「休息伴」只需 5 人次使用就可贏利。加上分銷商還可將機器安裝在大型辦公室裏，使得僱員們隨時可以

得到可口可樂的飲料。

　　鑑於對「休息伴」潛力的大致分析，可口可樂公司面臨著一場真正的挑戰。可口可樂公司及其分銷商不可能一下子發展和佔領上百萬個合適的場所，它能找出比劃定人數更好的方法來分割市場嗎？是否另有一些行業對「休息伴」會更具代表性？是否不同行業的人具有不同的購買決定過程？

　　可口可樂公司深信，在辦公室這一細分市場的爭奪戰中，它比老對手百事公司超前了18個月。為了保持這一優勢，它必須迅速行動佔領這上百萬個目標市場。可口可樂公司甚至夢想，在辦公市場取得勝利之時，還將開闢出另一條戰線──讓「休息伴」走進千家萬戶。

心得欄 _____

_____

_____

_____

_____

_____

第 *14* 章

產品如何退出

產品生命週期的最後一個階段是產品的終止。由於這一產品生命週期規劃的關鍵階段往往被很多公司忽視，因此使得客戶進退兩難，不知該如何計畫未來的購買。如果公司終止產品，沒有全盤規劃，又沒有跟客戶進行溝通，那麼這種行為可能且將會改變客戶未來的購買決策，而公司的內部也會受到不必要的阻礙。

第一節　產品退出的考慮點

為了評估要退出的產品，你應該問這樣一些問題：產品還能銷售嗎？還能獲利嗎？過時了嗎？競爭力如何？

一、產品還能銷售否

終止一個產品的最基本的原因往往是其銷量不理想。如果這種產品在市場上的銷售情況很差，那麼緊接著公司就會停止生產並不再銷售這種產品。產品缺乏吸引力可能是由很多因素造成的。但是對於績效不好的產品，繼續生產的合理原因卻屈指可數，原因之一是該產品能夠保證維持生產能力和庫存以及支援銷售所需要的資源消耗。

不要受「因為我們一直在生產而永遠無法停止」這種感情和情緒的引誘而陷入懈怠的陷阱。根據產品的概況，每個公司應該制定關於年銷售額和銷售量水準底線的指導方針，從而有助於決策者決定選擇退出那些產品。

終止一個產品的最基本的原因往往是其銷量不理想。

公司的退出決定必須同所在行業、產品和客戶的認識相一致。如果只把銷售額作為退出的唯一標準，那麼採取低價位的產品承辦商可能要經常計畫產品的終止了，而實際上這些產品的收入在同行業中是相當可觀的。類似地，行業之間不能按邏輯將銷售量進行比較。比如，拿螺釘和螺母的銷售量同汽車的銷售量相比是得不到任何有用的數據的。

得到這些銷售數據的最佳來源就是用來跟蹤銷售額和銷售量的公司數據庫。如果要終止的產品有一個直接替代品，那麼擁有舊產品的銷售歷史記錄就是我們很大的一個優勢，因為這些記錄可以用來作為新產品的歷史數據，並為新產品的未來組合決策提供依據。

二、產品還能獲利否

通過對產品線的收益能力的全面審查，產品經理能夠決定是否仍然使用該產品線。而通過對年銷售額和銷售成本的利潤的計算，可以為產品經理提供是否選擇終止這條產品線的有價值的見解。簡單的利潤計算，通常稱做銷售利潤佔總銷售額的百分比，可以通過從售價（公司從銷售中得到的收入）減去成本，再除以售價乘以 100，從而得到利潤的百分比。同銷售額和銷售量一樣，可接受的利潤水準也隨行業而有差別。

一些利潤很低的產品卻註定要成為產品線上永久的成員。因為這類產品可能帶給公司競爭優勢，也可能公司正是因為這類產品才能佔有市場，或者沒有人銷售類似產品。通過維持產品線上這些低利潤的產品，可以使產品組合更完善，也可以使該品牌滿足客戶的要求。

如果公司已經決定維持一個低利潤的產品，那麼最好的辦法就是完善產品的成本結構，讓跨職能團隊對生產、元件和分銷成本進行詳細分析以找到降低產品成本的方法，開發並執行戰略計畫，把利潤提升到公司可接受的水準。進行價值分析有助於公司識別以客戶為中心的降低產品成本的機會。

三、產品過時了嗎

通過審查一組產品現有的技術，有助於產品經理做出開始退出某個項目的決策。電腦製造商和電腦配件公司並不支援所有的軟、硬體產品的改進。如 5(1/4)英寸(1 英寸=2.54 釐米)軟碟技術：自從 3(1/2)英寸軟碟和 CD-ROM 出現後，支援 5(1/4)英寸軟碟的硬體和相關的製造設備也隨之終止了。

產品採用新的技術也會促使舊產品的退出。新技術有時可以替換所有的產品線。家用視頻市場的教訓是沉重的：第一代家用視頻形式是大尺寸錄影帶，但很快就被家用視頻系統(VHS)取代，現在數字化視頻光碟(DVD)佔領了市場。大尺寸錄影帶已經終止了；VHS 也已經不常見了，將來的某一時間也終將被 DVD 排擠而逐漸退出。

四、競爭力如何

公司對競爭對手類似產品線的分析也有助於決定是否終止產品。如果分析結果顯示沒有競爭對手銷售類似產品，而且該產品滿足其他公司的退出標準，那麼是否應中斷生產和銷售公司就要很謹慎了。然而，也可能出現這樣一種情況，由於產品出眾或市場太小而不能支援競爭模式，沒有競爭對手提供類似的產品，公司佔有 100%的市場佔有率，因此對市場的深入瞭解也將有助於公司做出這種決策。如果競爭對手銷售類似的產品，即使按公司標準已經暗示它將要退出，那麼在決定這種產品的命運時，公司也必須慎重考慮。

公司往往很希望保持一種認識：它能夠提供一個完整的系列產品，給購買者提供一站式服務。

在同一公司內維持相互競爭的品牌的銷售是一種公司理念。食品製造商通常注重培養高的品牌忠誠度。它們的穀類市場由同一品牌下的大量產品和各種各樣有相同名字的穀類組成以保持消費者目前的品牌忠誠度。

收集競爭信息是產品經理的重要職責。在 B2B 環境下，收集行業信息的好方法有：對實際產品或產品目錄的檢查、貿易展覽、工廠巡視、逆向工程、流覽網站，以及對外面的銷售人員進行訪談。產品經理不可輕視同銷售人員聯繫的重要性。銷售人員直接與終端客戶相聯繫，他們是真正瞭解現在市場上正在發生的情況的人。對消費產品的調研可以通過比較購買來完成。

產品經理可直接到產品銷售的現場，評估產品的銷售。在任何情況下，調研一開始，產品經理就要先列出一系列需要進行比較的產品屬性和需要回答的問題。這可以確保每個產品在相同的標準下被評估。調研應該圍繞以下幾個方面：具體特徵（顏色、大小、範圍、材料、附件），價格，可用性，採購方法，產地，品質和技術。

五、最後要考慮的因素

如果已選擇好可能要退出的產品，那麼在做出最終決定之前，產品經理還必須考慮一些問題。而這些問題也可能正是繼續生產這些產品的原因。如果主要客戶是一個對客戶基礎很有影響力、很重要的人，並且希望你繼續銷售這種產品，那麼你需要認真掂量是否

會面臨失去這位客戶其他業務的危險。

　　產品經理還需要考慮產品退出後的繼續銷售問題。產品經理要事先決定是否在某一時期當有客戶下訂單時還要繼續銷售產品。如果產品經理沒有制定明確的方針，那麼就會使公司陷入在產品退出後，生產仍然處於永無止境的循環之中。如果希望產品退出後其零件還可用，那麼產品經理現在就要制定計劃。而這種延長銷售的計畫的分量也可能改變退出的方法。

第二節　產品的行銷管理診斷

　　對產品的診斷，主要是對產品的市場地位、產品成長性、產品強度、產品結構合理性和新產品開發等內容進行的分析。

（一）產品的成長性診斷

　　產品的市場地位診斷。市場地位的分析，一方面可以通過對企業形象的分析加以定性的評價；另一方面還可以從市場佔有率和市場覆蓋率兩方面進行定量分析。

　　產品成長性診斷一般是將企業最近 3～5 年的銷量或銷售額按時間順序畫出逐年推移圖，以觀察其增長趨勢，分析時常用銷售增長率和市場擴大率等比率來進行。

1.銷售增長率分析

　　銷售增長率分析是指本年度銷售量(額)與上年度銷售量(額)之比，用以評價產品銷售量(額)的增長狀況。

　　企業的銷售增長率受行業銷售增長率的影響而變動。一般說

來，同行業調整發展，企業也迅速發展；同行業銷售量不景氣，企業的銷售增長率也隨之降低。因此，在計算企業銷售增長率的同時，還必須與同行業的銷售增長率進行對比，計算出實質增長率。計算公式為：

實質增長率=本企業銷售增長率／同行業銷售增長率×100%

實質增長率大於 100%，說明企業的增長率高於同行業的增長率，反之則低於同行業的增長率。

2.市場擴大率分析

市場擴大率分析是本年度市場佔有率與上年度市場佔有率之比，用來分析企業地位上升情況，計算公式為：

市場擴大率=本年度市場佔有率/上年度市場佔有率×100%

(二)產品強度診斷

產品強度診斷是企業的產品相對於競爭產品在品質、外觀、包裝、商標、價格等方面所具有的優越性，它是衡量產品競爭的指標。產品強度分析的主要方法是評分法，其步驟為：①選擇並確定產品強度的評比項目；②規定各個項目的評分標準，並繪製評比表格；③確定評比者，盡可能地吸收企業各部門有關人員和中間商代表參加，以便能客觀地評價；④進行評比，即將企業產品和競爭產品的評分填入表格並計算總分，根據評分結果，研究改進措施。

(三)產品壽命週期診斷

產品壽命週期診斷有廣義與狹義之分，一般研究的是狹義的產品壽命週期，即指產品的市場壽命週期。在企業診斷中要研究的是廣義的產品壽命週期，即新產品試製週期與產品市場壽命週期的集合。這樣從整體上對產品進行分析更為科學，更有意義。

產品壽命週期及結構分析，就是根據企業生產銷售的主要產品所處壽命週期的位置，分析其行銷策略是否與其所處的位置相適應，從中找出存在的問題，提出改進方案。

根據某個產品在時間上所處的位置不同，確定應採取的不同策略。在診斷過程中，除了對某個產品的產品壽命週期研究外，更重要的是要在此基礎上分析企業全部產品的結構是否合理，從而為企業制定出最佳的產品結構方案。

（四）產品結構合理性診斷

產品結構合理性診斷主要包括兩方面內容：一是產品本身結構的合理性分析；二是產品盈利水準結構合理性的分析。

1. 產品結構合理性分析

企業不但要組織產品的生產，同時還要考慮所生產產品的結構性是否合理，也就是說所生產的產品組合在時間、地點、數量、價格等方面是否能滿足市場和用戶的需要。用戶和市場滿足程度越高，所反映的企業產品組合就越佳，反之就差。

對生產企業產品結構，即產品線深度和產品線寬度結構是否合理做出正確的評價，從而分析生產和銷售產品組合不合理的原因，以便提出改進方案。

一般來說，對產品結構不合理的改進應從以下幾方面入手：(1)改進或調整現有產品。一是根據用戶的需求改進產品的全部或某一方面；二是改進產品功能；三是調整價格。(2)產品單一化(或稱專門化)。多樣化是從量的方面發展產品的策略，單一化是從質的方面發展產品的策略。

2.產品盈利水準結構分析

在診斷過程中，對那些產品應該淘汰的問題進行研究，除了分析產品壽命週期結構和產品組合等因素外，還要分析企業產品盈利水準的結構，常用的主要方法就是收入盈虧分析法。

用收入盈虧分析法進行產品結構診斷，方法如下：

⑴編制收入-盈虧資料表。計算各種產品的銷售額和利潤佔全部產品銷售額和利潤的百分數，並按百分數大小排列出順序。

圖 14-2-1　　收入-盈虧分析圖

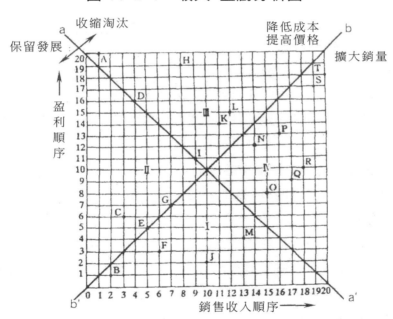

⑵繪製收入-盈虧分析圖。它以銷售額為橫坐標，以利潤額為縱坐標，按前後順序將各種產品對應地標在座標圖內並做對角線。

⑶根據各種產品在座標圖中的位置，分析所應採取的產品行銷

戰略。

（五）新產品開發診斷

新產品開發是企業產品組合中最積極的因素，是解決產品結構合理化的重要途徑，也是企業生存發展的關鍵所在。在診斷時，對新產品開發分析時，重點要研究的是企業目前新產品的數量；新產品的開發方向；新產品的選擇方法；新產品投放時機和新產品研製週期與產品壽命週期結構的合理性內容。

1. 新產品開發方向分析

新產品開發方向的確定，是十分重要的，它應隨著企業發展和企業產品結構的不同而有所不同。在企業生產或銷售為單一產品時，新產品開發方向主要是克服和同行先進企業之間的技術差距，以提高企業產品在市場的競爭能力。在企業生產銷售為多品種時，應重點開發與現有產品有關聯性的產品，以保證經營資源的利用，為實行多角化經營、開拓和利用現有市場創造條件。

2. 新產品方案和評價與篩選分析

要對企業新產品開發方案進行分析和評價，要看其確定方案過程是否合理。

新產品必須符合下列條件：首先，要滿足和適應市場的需求；其次，必須與企業的能力相適應，同時在生產和技術上有實現的可能性；第三，必須具有企業特色。對新產品方案合理性的分析也可通過新產品篩選評價表進行。

3. 新產品投放時機分析

新產品投放市場時機的選擇是十分重要的。如果投放過早，有可能被同行企業利用或擠掉自己的老產品；如果投放過遲，產品市

場可能會失去。因此，新產品投入市場的最好時機是老產品處於成熟後期的階段，這樣的企業產品結構也是合理的。

第三節　產品退出的執行流程

一、產品的終止流程者

作為產品家族的經理人，產品經理擁有分析和決定是否終止產品線的權利。因為產品經理具有對產品、市場和年收入的認識，所以他是可以把關於產品線的事實彙報給企業組織、建議產品終止並管理退出事項的唯一合適人選。他要對一系列的因素進行評估來決定退出何種產品。

產品經理是管理產品退出事項的合適人選。

二、是有計劃退出

計畫產品退出的另外一個原因是公司內部開發出該產品的繼承者。通常對於高科技公司來說，瞭解產品處於生命週期的那個階段是尤其重要的。如果是處於衰退階段，而這個產品是公司的主要平臺，開發它的後續產品對於確保公司進一步成功是非常關鍵的。當公司決定對產品線的下一代產品進行投資時，專案論證和開發也應該包括現在的部署計畫。新改進的開發可能由以下討論的任何一個變數引起，但如果現在的產品沒有終止，就會在同一公司內出現相

互競爭的產品。

後續產品的開發，通常是某個產品終止的原因。對有計劃退出產品的有效管理，在化學行業中表現得非常明顯。當產品被一系列新的、具有更好性能或更低成本（及相應更高的利潤）的類似化學品替代時，公司就要開始做退出規劃了。

產品經理和跨職能團隊一起管理該退出規劃。在舊產品被終止、生產停止之前，某個製造商在幾年內可能繼續生產值得存貨的產品。這種擴大產品交疊的方法使廠商有更多的時間來管理內部和外部向新的化學品的轉移。

三、退出後的產品支援

當一個小型用具的製造商決定它們生產的標準家用切肉機模型不再提供零件和其他服務時，一位需要更換 20 年前的舊模型和零件的客戶把舊產品連同修理的問題回饋給廠家。此時，廠家給這位客戶寄去了一台新的切肉機，因為寄去一台新機器比提供 20 年前的舊零件更划算。

汽車製造商會在這個型號之後的 7 年中繼續銷售替代產品和維修零件，因此客戶在這段時間內可以用原廠產的零件維修他們的汽車和卡車。這個時期過後，很多售後市場製造商開始生產這種用於汽車維修的零件。基於客戶對這種汽車的售後零件的需求，整個行業都得到了發展。這種銷售和汽車的複雜性使得這個行業具有很大的吸引力，但並不是每種產品都能得到這樣廣泛的支援。

四、對內部系統和外部客戶的影響

在退出某一產品的決策制定之後，產品經理就要開始真正執行了。認真選擇時機是成功的退出計畫的關鍵。事先向公司內部和外部發出通知，當汽車行業公開展出汽車和卡車的新模型時，以前的模型就不再生產了。客戶可以得到的汽車數量會受現存量的限制。在其他行業，尤其是零件可用在更大、更複雜系統的產品上，在發出退出的預先通知時公司要非常謹慎。對於製造系統來說，應注意任何已計畫的退出對於其保持特定的地位是很重要的。

認真選擇時機是成功的退出計畫的關鍵，公司內有很多內部製造、採購、溝通系統和文件來支援這些還在生產的產品。公司要對這些流程和文件進行識別，然後開始準備並安排對它們進行更改和刪除。緊接著以具體的退出流程來處理生產、採購、分銷支持和廣告的各個組成部份。當公司已做完產品退出的所有事項，內部退出努力的範圍就變得顯而易見了。

五、產品退出流程

由於具有更適應競爭的新一代類似產品引入市場，因此這條產品線將要退出。圖 14-3-1 說明了在一個耐用消費品製造公司對一個現行產品線進行退出的時間線產品經理決定把這個產品的銷售併入新的產品線，從而減少庫存，消除一些唯一可用於該產品的零件和工具。

透過消除對這些產品的獨立產品線的需求，終止這條產品線的生產也有助於製造流程。

圖 14-3-1　產品終止時間線

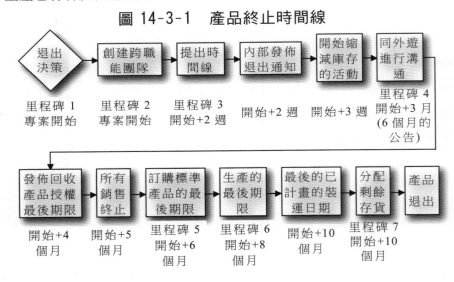

時間線上第 1 個里程碑是產品經理決定退出某條產品線。

第 2 個里程碑是用來管理這一流程的跨職能團隊的形成。這個團隊應該包括產品經理和來自財務、控制和製造計畫、物流、採購、

信息技術、銷售支援和溝通的各個代表。產品經理負責引入這個專案，包括退出的合理性、臨時時間表、產品收益策略和訂單履行的策略。

第 3 個里程碑是工作時間線的開發。這個團隊負責根據必要信息來確定時間表。關於時間線，早期溝通是至關重要的，讓你的客戶和公司內部人員知道得越多越好。很多變數都會影響這個時間表：

· 未來客戶的承諾。

· 消費者購買風格的季節性變化。

· 現存原料和零件的數量。

· 供應商對原料和零件的承諾。

· 成品現存貨的價值。

· 書面材料的定期公開。

· 其他團隊的承諾，這可能影響他們執行這個流程的有效性。

當這個團隊收集到可能影響項目時間線的相應資料，產品經理要執行第 4 個里程碑了，即發佈退出通知。這一重要信息遍佈公司內部和外部，包括：

· 產品描述。

· 專案的關鍵日期。

· 影響模型的完整列表。

· 詳細的收益策略。

· 所建議的更新模型的比照列表。

· 關於將來客戶訂單的策略。

· 公司聯繫人的姓名和地址。

第 5 個里程碑是不再受理標準產品的訂單。第 6 個里程碑是確

定生產的最後期限。最後，第 7 個里程碑分配剩餘存貨。

在這個流程中要安排大量的活動來協調終止生產並將退出日期告知客戶。

表 14-3-1　產品退出活動

活動	背景活動
在內部公佈未來要退出的產品	· 提供產品之間相互參照部份的清單，開始向內部客戶提供推薦的可替代產品
最小化庫存水準	· 降低倉庫安全庫存水準 · 降低採購零件的訂單數量 · 生產計畫中安排最小的生產數量 · 審核具有未來發放日期的訂單，並安排生產 · 開始進行已完工產品和相關零件的平衡，以減少潛在的存貨積壓 · 合併倉庫存儲位置 · 制定主要預測的計畫，以反映退出日期
向客戶公佈未來要退出的產品	· 創建一個團隊，以管理退出活動
開始強化最後的發佈退貨授權（RGA）的日期	· 改變 MRP 系統，拒絕進一步的退貨授權
通知客戶所有未來的銷售都是最終的銷售並且不允許退貨	· 在銷售訂單上增加文字說明，告知客戶在規定的日期後，所有的銷售都將是最後的銷售 · 在採購訂單中增加產品退出的通知 · 僅僅追加滿足公司訂單的存貨 · 拒絕訂單撤銷或協商訂單撤銷費 · 溝通供應商處和其他銷售地點存貨的處理方式

在訂單截止日期之後，阻止銷售訂單的錄入	・在電子數據交換（EDI）系統中的可視介面中刪除退出產品型號 ・在網站、產品分類目錄、價格表數據庫中刪除相關資料 ・通知第二方經銷單位在它們的產品分類目錄、廣告、店堂展示中刪除退出產品型號 ・通知經銷商和供應商從它們的訂單數據庫中刪除退出產品型號
停止標準型號產品的生產	・刪除安全庫存需求 ・開始停止生產線
處理剩餘存貨	・清除產成品、專用原材料和零件、託管的存貨 ・通知內部負責處理的部門
開始繼續進行後續活動	・從交易數據庫中刪除文件 ・處理工具、磨具、工裝夾具、專用的製造設備 ・產品數據存檔 ・通知供應商退回文件和工具 ・審核所有的與產品相關的費用，如專利費、合格證或其他的合約等

臺灣的核心競爭力，就在這裏！

圖 書 出 版 目 錄

下列圖書是由憲業企管顧問（集團）公司所出版，以專業立場，為企業界提供最專業的各種經營管理類圖書。

1. 傳播書香社會，凡向本出版社購買（或郵局劃撥購買），一律 9 折優惠。
   服務電話 (02) 27622241　(03) 9310960　　傳真 (02) 27620377
2. 請將書款用 ATM 自動扣款轉帳到我公司下列的銀行帳戶。
   銀行名稱：合作金庫銀行　帳號：5034-717-347447
   公司名稱：憲業企管顧問有限公司
3. 郵局劃撥號碼：18410591　郵局劃撥戶名：憲業企管顧問公司
4. 圖書出版資料隨時更新，請見網站　www.bookstore99.com

經營顧問叢書

13	營業管理高手（上）	一套
14	營業管理高手（下）	500 元
16	中國企業大勝敗	360 元
18	聯想電腦風雲錄	360 元
19	中國企業大競爭	360 元
21	搶灘中國	360 元
25	王永慶的經營管理	360 元
26	松下幸之助經營技巧	360 元
32	企業併購技巧	360 元
33	新產品上市行銷案例	360 元
46	營業部門管理手冊	360 元
47	營業部門推銷技巧	390 元

52	堅持一定成功	360 元
56	對準目標	360 元
58	大客戶行銷戰略	360 元
60	寶潔品牌操作手冊	360 元
72	傳銷致富	360 元
73	領導人才培訓遊戲	360 元
76	如何打造企業贏利模式	360 元
77	財務查帳技巧	360 元
78	財務經理手冊	360 元
79	財務診斷技巧	360 元
80	內部控制實務	360 元
81	行銷管理制度化	360 元

82	財務管理制度化	360 元	148	六步打造培訓體系	360 元
83	人事管理制度化	360 元	149	展覽會行銷技巧	360 元
84	總務管理制度化	360 元	150	企業流程管理技巧	360 元
85	生產管理制度化	360 元	152	向西點軍校學管理	360 元
86	企劃管理制度化	360 元	154	領導你的成功團隊	360 元
91	汽車販賣技巧大公開	360 元	155	頂尖傳銷術	360 元
97	企業收款管理	360 元	156	傳銷話術的奧妙	360 元
100	幹部決定執行力	360 元	160	各部門編制預算工作	360 元
106	提升領導力培訓遊戲	360 元	163	只為成功找方法，不為失敗找藉口	360 元
112	員工招聘技巧	360 元	167	網路商店管理手冊	360 元
113	員工績效考核技巧	360 元	168	生氣不如爭氣	360 元
114	職位分析與工作設計	360 元	170	模仿就能成功	350 元
116	新產品開發與銷售	400 元	171	行銷部流程規範化管理	360 元
122	熱愛工作	360 元	172	生產部流程規範化管理	360 元
124	客戶無法拒絕的成交技巧	360 元	174	行政部流程規範化管理	360 元
125	部門經營計劃工作	360 元	176	每天進步一點點	350 元
127	如何建立企業識別系統	360 元	180	業務員疑難雜症與對策	360 元
129	邁克爾·波特的戰略智慧	360 元	181	速度是贏利關鍵	360 元
130	如何制定企業經營戰略	360 元	183	如何識別人才	360 元
132	有效解決問題的溝通技巧	360 元	184	找方法解決問題	360 元
135	成敗關鍵的談判技巧	360 元	185	不景氣時期，如何降低成本	360 元
137	生產部門、行銷部門績效考核手冊	360 元	186	營業管理疑難雜症與對策	360 元
138	管理部門績效考核手冊	360 元	187	廠商掌握零售賣場的竅門	360 元
139	行銷機能診斷	360 元	188	推銷之神傳世技巧	360 元
140	企業如何節流	360 元	189	企業經營案例解析	360 元
141	責任	360 元	191	豐田汽車管理模式	360 元
142	企業接棒人	360 元	192	企業執行力（技巧篇）	360 元
144	企業的外包操作管理	360 元	193	領導魅力	360 元
146	主管階層績效考核手冊	360 元	197	部門主管手冊(增訂四版)	360 元
147	六步打造績效考核體系	360 元	198	銷售說服技巧	360 元

199	促銷工具疑難雜症與對策	360 元	238	總經理如何熟悉財務控制	360 元
200	如何推動目標管理（第三版）	390 元	239	總經理如何靈活調動資金	360 元
201	網路行銷技巧	360 元	240	有趣的生活經濟學	360 元
202	企業併購案例精華	360 元	241	業務員經營轄區市場（增訂二版）	360 元
204	客戶服務部工作流程	360 元	242	搜索引擎行銷	360 元
206	如何鞏固客戶（增訂二版）	360 元	243	如何推動利潤中心制度（增訂二版）	360 元
208	經濟大崩潰	360 元	244	經營智慧	360 元
209	鋪貨管理技巧	360 元	245	企業危機應對實戰技巧	360 元
210	商業計劃書撰寫實務	360 元	246	行銷總監工作指引	360 元
212	客戶抱怨處理手冊(增訂二版)	360 元	247	行銷總監實戰案例	360 元
214	售後服務處理手冊（增訂三版）	360 元	248	企業戰略執行手冊	360 元
215	行銷計劃書的撰寫與執行	360 元	249	大客戶搖錢樹	360 元
216	內部控制實務與案例	360 元	250	企業經營計劃〈增訂二版〉	360 元
217	透視財務分析內幕	360 元	251	績效考核手冊	360 元
219	總經理如何管理公司	360 元	252	營業管理實務（增訂二版）	360 元
222	確保新產品銷售成功	360 元	253	銷售部門績效考核量化指標	360 元
223	品牌成功關鍵步驟	360 元	254	員工招聘操作手冊	360 元
224	客戶服務部門績效量化指標	360 元	255	總務部門重點工作（增訂二版）	360 元
226	商業網站成功密碼	360 元	256	有效溝通技巧	360 元
228	經營分析	360 元	257	會議手冊	360 元
229	產品經理手冊	360 元	258	如何處理員工離職問題	360 元
230	診斷改善你的企業	360 元	259	提高工作效率	360 元
231	經銷商管理手冊（增訂三版）	360 元	261	員工招聘性向測試方法	360 元
232	電子郵件成功技巧	360 元	262	解決問題	360 元
233	喬‧吉拉德銷售成功術	360 元	263	微利時代制勝法寶	360 元
234	銷售通路管理實務〈增訂二版〉	360 元	264	如何拿到 VC（風險投資）的錢	360 元
235	求職面試一定成功	360 元	265	如何撰寫職位說明書	360 元
236	客戶管理操作實務〈增訂二版〉	360 元			
237	總經理如何領導成功團隊	360 元			

267	促銷管理實務〈增訂五版〉	360 元
268	顧客情報管理技巧	360 元
269	如何改善企業組織績效〈增訂二版〉	360 元
270	低調才是大智慧	360 元
272	主管必備的授權技巧	360 元
274	人力資源部流程規範化管理（增訂三版）	360 元
275	主管如何激勵部屬	360 元
276	輕鬆擁有幽默口才	360 元
277	各部門年度計劃工作（增訂二版）	360 元
278	面試主考官工作實務	360 元
279	總經理重點工作（增訂二版）	360 元
282	如何提高市場佔有率（增訂二版）	360 元
283	財務部流程規範化管理（增訂二版）	360 元
284	時間管理手冊	360 元
285	人事經理操作手冊（增訂二版）	360 元
286	贏得競爭優勢的模仿戰略	360 元
287	電話推銷培訓教材（增訂三版）	360 元
288	贏在細節管理（增訂二版）	360 元

《商店叢書》

4	餐飲業操作手冊	390 元
5	店員販賣技巧	360 元
10	賣場管理	360 元
12	餐飲業標準化手冊	360 元
13	服飾店經營技巧	360 元

18	店員推銷技巧	360 元
19	小本開店術	360 元
20	365 天賣場節慶促銷	360 元
29	店員工作規範	360 元
30	特許連鎖業經營技巧	360 元
32	連鎖店操作手冊（增訂三版）	360 元
33	開店創業手冊〈增訂二版〉	360 元
34	如何開創連鎖體系〈增訂二版〉	360 元
35	商店標準操作流程	360 元
36	商店導購口才專業培訓	360 元
37	速食店操作手冊〈增訂二版〉	360 元
38	網路商店創業手冊〈增訂二版〉	360 元
39	店長操作手冊（增訂四版）	360 元
40	商店診斷實務	360 元
41	店鋪商品管理手冊	360 元
42	店員操作手冊（增訂三版）	360 元
43	如何撰寫連鎖業營運手冊〈增訂二版〉	360 元
44	店長如何提升業績〈增訂二版〉	360 元
45	向肯德基學習連鎖經營〈增訂二版〉	360 元
46	連鎖店督導師手冊	360 元
47	賣場如何經營會員制俱樂部	360 元

《工廠叢書》

5	品質管理標準流程	380 元
9	ISO 9000 管理實戰案例	380 元
10	生產管理制度化	360 元
11	ISO 認證必備手冊	380 元

12	生產設備管理	380 元
13	品管員操作手冊	380 元
15	工廠設備維護手冊	380 元
16	品管圈活動指南	380 元
17	品管圈推動實務	380 元
20	如何推動提案制度	380 元
24	六西格瑪管理手冊	380 元
30	生產績效診斷與評估	380 元
32	如何藉助 IE 提升業績	380 元
35	目視管理案例大全	380 元
38	目視管理操作技巧(增訂二版)	380 元
40	商品管理流程控制(增訂二版)	380 元
42	物料管理控制實務	380 元
46	降低生產成本	380 元
47	物流配送績效管理	380 元
49	6S 管理必備手冊	380 元
50	品管部經理操作規範	380 元
51	透視流程改善技巧	380 元
55	企業標準化的創建與推動	380 元
56	精細化生產管理	380 元
57	品質管制手法〈增訂二版〉	380 元
58	如何改善生產績效〈增訂二版〉	380 元
60	工廠管理標準作業流程	380 元
62	採購管理工作細則	380 元
63	生產主管操作手冊(增訂四版)	380 元
64	生產現場管理實戰案例〈增訂二版〉	380 元
65	如何推動 5S 管理（增訂四版）	380 元

67	生產訂單管理步驟〈增訂二版〉	380 元
68	打造一流的生產作業廠區	380 元
70	如何控制不良品〈增訂二版〉	380 元
71	全面消除生產浪費	380 元
72	現場工程改善應用手冊	380 元
73	部門績效考核的量化管理（增訂四版）	380 元
74	採購管理實務〈增訂四版〉	380 元
75	生產計劃的規劃與執行	380 元
76	如何管理倉庫（增訂六版）	380 元
77	確保新產品開發成功（增訂四版）	380 元

《醫學保健叢書》

1	9 週加強免疫能力	320 元
3	如何克服失眠	320 元
4	美麗肌膚有妙方	320 元
5	減肥瘦身一定成功	360 元
6	輕鬆懷孕手冊	360 元
7	育兒保健手冊	360 元
8	輕鬆坐月子	360 元
11	排毒養生方法	360 元
12	淨化血液　強化血管	360 元
13	排除體內毒素	360 元
14	排除便秘困擾	360 元
15	維生素保健全書	360 元
16	腎臟病患者的治療與保健	360 元
17	肝病患者的治療與保健	360 元
18	糖尿病患者的治療與保健	360 元

- - - - - - ➤ 各書詳細內容資料，請見：www.bookstore99.com- - - - - - - ➤

19	高血壓患者的治療與保健	360 元
22	給老爸老媽的保健全書	360 元
23	如何降低高血壓	360 元
24	如何治療糖尿病	360 元
25	如何降低膽固醇	360 元
26	人體器官使用說明書	360 元
27	這樣喝水最健康	360 元
28	輕鬆排毒方法	360 元
29	中醫養生手冊	360 元
30	孕婦手冊	360 元
31	育兒手冊	360 元
32	幾千年的中醫養生方法	360 元
33	免疫力提升全書	360 元
34	糖尿病治療全書	360 元
35	活到 120 歲的飲食方法	360 元
36	7 天克服便秘	360 元
37	為長壽做準備	360 元
38	生男生女有技巧〈增訂二版〉	360 元
39	拒絕三高有方法	360 元
40	一定要懷孕	360 元

《培訓叢書》

4	領導人才培訓遊戲	360 元
8	提升領導力培訓遊戲	360 元
11	培訓師的現場培訓技巧	360 元
12	培訓師的演講技巧	360 元
14	解決問題能力的培訓技巧	360 元
15	戶外培訓活動實施技巧	360 元
16	提升團隊精神的培訓遊戲	360 元
17	針對部門主管的培訓遊戲	360 元

18	培訓師手冊	360 元
19	企業培訓遊戲大全(增訂二版)	360 元
20	銷售部門培訓遊戲	360 元
21	培訓部門經理操作手冊（增訂三版）	360 元
22	企業培訓活動的破冰遊戲	360 元
23	培訓部門流程規範化管理	360 元

《傳銷叢書》

4	傳銷致富	360 元
5	傳銷培訓課程	360 元
7	快速建立傳銷團隊	360 元
10	頂尖傳銷術	360 元
11	傳銷話術的奧妙	360 元
12	現在輪到你成功	350 元
13	鑽石傳銷商培訓手冊	350 元
14	傳銷皇帝的激勵技巧	360 元
15	傳銷皇帝的溝通技巧	360 元
17	傳銷領袖	360 元
18	傳銷成功技巧（增訂四版）	360 元
19	傳銷分享會運作範例	360 元

《幼兒培育叢書》

1	如何培育傑出子女	360 元
2	培育財富子女	360 元
3	如何激發孩子的學習潛能	360 元
4	鼓勵孩子	360 元
5	別溺愛孩子	360 元
6	孩子考第一名	360 元
7	父母要如何與孩子溝通	360 元
8	父母要如何培養孩子的好習慣	360 元
9	父母要如何激發孩子學習潛能	360 元

10	如何讓孩子變得堅強自信	360 元

《成功叢書》

1	猶太富翁經商智慧	360 元
2	致富鑽石法則	360 元
3	發現財富密碼	360 元

《企業傳記叢書》

1	零售巨人沃爾瑪	360 元
2	大型企業失敗啟示錄	360 元
3	企業併購始祖洛克菲勒	360 元
4	透視戴爾經營技巧	360 元
5	亞馬遜網路書店傳奇	360 元
6	動物智慧的企業競爭啟示	320 元
7	CEO 拯救企業	360 元
8	世界首富　宜家王國	360 元
9	航空巨人波音傳奇	360 元
10	傳媒併購大亨	360 元

《智慧叢書》

1	禪的智慧	360 元
2	生活禪	360 元
3	易經的智慧	360 元
4	禪的管理大智慧	360 元
5	改變命運的人生智慧	360 元
6	如何吸取中庸智慧	360 元
7	如何吸取老子智慧	360 元
8	如何吸取易經智慧	360 元
9	經濟大崩潰	360 元
10	有趣的生活經濟學	360 元
11	低調才是大智慧	360 元

《DIY 叢書》

1	居家節約竅門 DIY	360 元
2	愛護汽車 DIY	360 元
3	現代居家風水 DIY	360 元
4	居家收納整理 DIY	360 元
5	廚房竅門 DIY	360 元
6	家庭裝修 DIY	360 元
7	省油大作戰	360 元

《財務管理叢書》

1	如何編制部門年度預算	360 元
2	財務查帳技巧	360 元
3	財務經理手冊	360 元
4	財務診斷技巧	360 元
5	內部控制實務	360 元
6	財務管理制度化	360 元
8	財務部流程規範化管理	360 元
9	如何推動利潤中心制度	360 元

 為方便讀者選購，本公司將一部分上述圖書又加以專門分類如下：

《企業制度叢書》

1	行銷管理制度化	360 元
2	財務管理制度化	360 元
3	人事管理制度化	360 元
4	總務管理制度化	360 元
5	生產管理制度化	360 元
6	企劃管理制度化	360 元

《主管叢書》

1	部門主管手冊	360 元
2	總經理行動手冊	360 元
4	生產主管操作手冊	380 元

5	店長操作手冊（增訂版）	360 元
6	財務經理手冊	360 元
7	人事經理操作手冊	360 元
8	行銷總監工作指引	360 元
9	行銷總監實戰案例	360 元

《總經理叢書》

1	總經理如何經營公司(增訂二版)	360 元
2	總經理如何管理公司	360 元
3	總經理如何領導成功團隊	360 元
4	總經理如何熟悉財務控制	360 元
5	總經理如何靈活調動資金	360 元

《人事管理叢書》

1	人事管理制度化	360 元
2	人事經理操作手冊	360 元
3	員工招聘技巧	360 元
4	員工績效考核技巧	360 元
5	職位分析與工作設計	360 元
7	總務部門重點工作	360 元
8	如何識別人才	360 元
9	人力資源部流程規範化管理（增訂三版）	360 元
10	員工招聘操作手冊	360 元
11	如何處理員工離職問題	360 元

《理財叢書》

1	巴菲特股票投資忠告	360 元
2	受益一生的投資理財	360 元
3	終身理財計劃	360 元
4	如何投資黃金	360 元
5	巴菲特投資必贏技巧	360 元
6	投資基金賺錢方法	360 元

7	索羅斯的基金投資必贏忠告	360 元
8	巴菲特為何投資比亞迪	360 元

《網路行銷叢書》

1	網路商店創業手冊〈增訂二版〉	360 元
2	網路商店管理手冊	360 元
3	網路行銷技巧	360 元
4	商業網站成功密碼	360 元
5	電子郵件成功技巧	360 元
6	搜索引擎行銷	360 元

《企業計劃叢書》

1	企業經營計劃〈增訂二版〉	360 元
2	各部門年度計劃工作	360 元
3	各部門編制預算工作	360 元
4	經營分析	360 元
5	企業戰略執行手冊	360 元

《經濟叢書》

1	經濟大崩潰	360 元
2	石油戰爭揭秘(即將出版)	

建立企業圖書館

當市場競爭激烈時：

培訓員工，強化員工競爭力
是企業最佳對策

「人才」是企業最大的財富。如何提升人才，是企業永續經營、戰勝對手的核心競爭力。積極培訓公司內部員工，是經濟不景氣時期的最佳戰略，而最快速的具體作法，就是「**建立企業內部圖書館，鼓勵員工多閱讀、多進修專業書藉**」。

建議您：請一次購足本公司所出版各種經營管理類圖書，作為貴公司內部員工培訓圖書。 使用率高的（例如「贏在細節管理」），準備 3 本；使用率低的（例如「工廠設備維護手冊」），只買 1 本。

工廠叢書⑦⑦　　　　　　　售價：380 元

確保新產品開發成功（增訂四版）

西元二〇一二年六月　　　　　　　　　　增訂四版一刷

編輯指導：黃憲仁

編著：任賢旺　黃憲仁

策劃：麥可國際出版有限公司（新加坡）

編輯：蕭玲

校對：劉飛娟

發行人：黃憲仁

發行所：憲業企管顧問有限公司

電話：(02) 2762-2241　　(03) 9310960　　0930872873

郵箱：huang2838@yahoo.com.tw

銀行 ATM 轉帳：合作金庫銀行（敦南分行）

銀行帳號：5034-717-347447

郵政劃撥：18410591　　憲業企管顧問有限公司

江祖平律師顧問：紙品書、數位書著作權與版權均歸本公司所有

登記證：行政業新聞局版台業字第 6380 號

本公司徵求海外版權出版代理商（0930872873）